京都「CHIPPRUSON」
天然酵母麵包
憑什麼這麼好吃？　齊藤知惠 著

# CHIPPRUSON 提出的 **5** 項提案

在本書中，為了讓讀者在家也能烤出美味麵包，將我多年研究的功夫和技巧大量記載於食譜中介紹給大家。在著手製作麵包之前，我想先將構成本書主軸的「5 項提案」傳達給讀者。

## 1 請用自家耐心培養出來的「我家天然酵母」來製作

我想要藉由這本書傳達一項訊息。那就是：「在家也能烤出極致美味的麵包」。當自製酵母適應各個家庭環境後，就能做出世上絕無僅有的「風味獨特之我家麵包」。就像「我家的味噌湯」對該家庭成員來說，是全世界最好喝的味噌湯一樣，吃完後能令人心情放鬆的麵包，才是在家烤麵包的趣味所在。本書中，將傳授在我試過的各種蔬菜水果中，最容易製作、烘焙時會散發果香的葡萄乾天然酵母做法。最初在培養酵母時，請不吝惜地使用好材料。烤出來的麵包會在滋味上回報給你。

## 2 麵團的美味度優先於出爐時的美觀度

我常會聽到愛做麵包的朋友說：「烤出來的麵包不像麵包店發得那麼漂亮」，「割線沒有裂開」這類煩惱。我在著手準備出版本書前，也是以「在家也能烤出媲美店家的麵包食譜」為目標。然而，家用烤箱說什麼也辦不到。經過不斷試作，弄得筋疲力盡時，我產生了這樣的想法：「把目標設定在媲美店家的麵包，真的有必要嗎？自家麵包應該有自家麵包的優點吧？」那個當下，我的想法便轉變為「無論使用哪一種麵粉，都要能做美味麵包的麵團」。剛出爐的美觀度或許比不上店家，不過本書中卻記載著以味道為第一優先的麵團食譜。

## 3 先學會 6 種「基礎麵團」後再自由變化

本書以 6 種「基礎麵團」為基礎，設計成可以根據不同變化烤出總計共
20 種的麵包。6 種基礎麵團分別為：①豆漿麵包捲②佛卡夏③山形白土司
④布里歐修⑤貝果⑥卡帕尼。從軟式麵包到硬質系列麵包都有，在家也能
充分享受不同變化的樂趣。入口即化的口感與麵包甜味還能洗刷過去「天
然酵母麵包帶有酸味」的印象。

## 4 「揉麵」的作業就交給家用製麵包機

為了做出「無論使用哪一種麵粉，都能做出美味麵包的麵團」，需要熟練
的「揉麵」技術。然而，手工揉麵很容易產生晃動，這對麵包出爐時的成
敗有著決定性的影響。為了做出穩定的麵團，關於「揉麵」這項作業，本
書採行的做法是利用家用製麵包機的「攪拌功能」。不過由於每份食譜是
以「13 分」或「7 分」的方式嚴格指定揉麵時間，因此不能使用家用製
麵包機的內建定時功能（多數機種的時間設定大多都以 10 分鐘為一個單
位），請另外準備計時器。

## 5 掌握適合自家環境的溫度管理方法

在天然酵母麵包的製作上，最重要也最困難的就是溫度管理。本書為了不
讓溫度管理成為壓力，而放寬對指定溫度的限制。花數天時間製作天然酵
母時，若能善用可維持穩定溫度環境的優格機或烤箱的發酵功能就會很安
心。在製作麵團時，則適合找出家中溫暖的地方，善用熱水袋或保冷劑（參
照 P.10 的介紹）如此寬鬆的方法。準備做麵包前，請掌握適合自家環境的
管理方法。

# 目次

## 想先學會的
## 軟麵包

## 適合中高級者的
## 貝果 & 卡帕尼

## 手作的加工品 & 偶一為之的甜點

## 天然酵母麵包不可欠缺的
## 發酵種基本概念

本書所採用的份量標示
・1 杯＝200ml、1 大匙＝15 ml
　1 小匙＝5ml。
・熱水理想溫度為 98 度。
・雞蛋使用的是 M 級的中型蛋。

## 「本書所使用的家電與工具」

### 家用製麵包機、烤箱

用於麵團的「揉麵」和「烤焙」。這本書將活用家用製麵包機的「攪拌功能」，所以請避開全自動機種。若是具備「麵團製作流程」功能的機種，使用上應該是沒問題的。本書使用的麵包機是 Panasonic 國際牌 1 公斤製麵包機 SD-BH1000。烤箱使用的是東芝石窯 ER-JD510A 過熱水蒸氣烘烤微波爐。

### 熱水袋、保冷劑

使用於麵包麵團的製作流程中，無法準備食譜指定的溫度環境時，放入烤箱內打造成適合的溫度狀態。熱水袋要避開金屬材質，選擇矽膠、橡膠或聚氯乙烯材質，容量約為 2 公升的製品。事先備好 6 到 8 個手掌大小的保冷劑，要使用的時候就很方便。

### 附蓋的食物保存容器

揉好的麵團做一次發酵時使用。由於需透過麵團的膨脹高度觀察發酵的進展，因此以半透明塑膠材質、有高度的容器較為適合。在本書中使用的規格為 16 公分 ×12 公分 ×11 公分。

### 濾網、粗目棉布、帆布材質的布、紙皮、重石

用於「鄉村麵包」、「白色無花果腰果卡帕尼」、「葡萄乾核桃卡帕尼」。「鄉村麵包」使用直徑約 20 公分的濾網，「白色無花果腰果卡帕尼」使用直徑約 16 公分的濾網。粗目棉布也可以換成麻布。紙皮是做為承板使用，重石是當卡帕尼系列麵包烤焙時，用於讓烤箱內產生蒸氣。

### 土司烤模、鑄鐵鍋

土司烤模用於製作「山形白土司」和「山形葡萄麵包」，鑄鐵鍋用於製作「鄉村麵包」、「白色無花果腰果卡帕尼」、「葡萄乾核桃卡帕尼」。土司烤模的規格為 20 公分 ×9 公分 ×7 公分。鑄鐵鍋規格為直徑 23 公分，鋪上烘焙紙後使用。

### 擀麵棍

有一根表面有凹凸設計，可幫助麵團排出氣體的擀麵棍很方便。

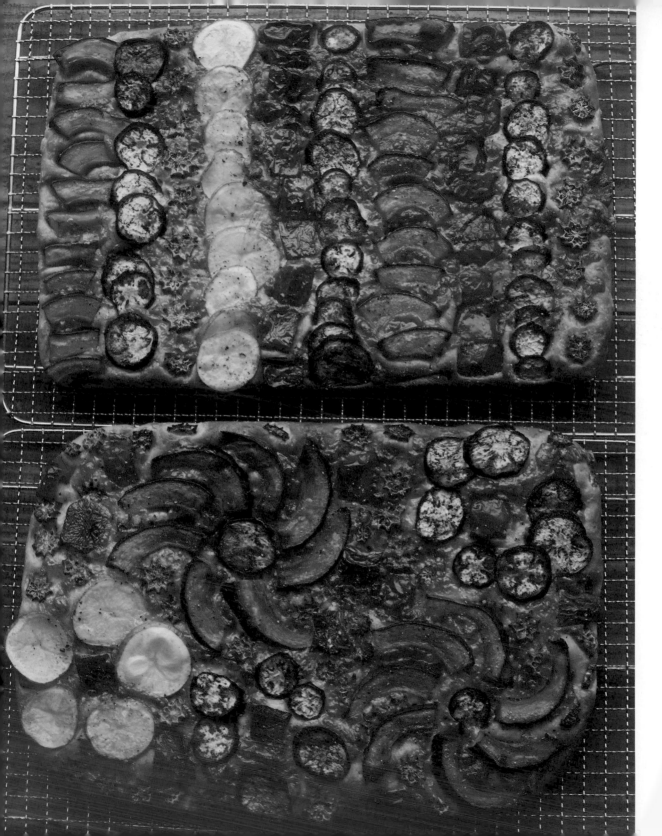

# 序言

本書是一本對「CHIPPRUSON」的天然酵母麵包食譜做了徹底檢視，
重新撰寫成適合在家製作的食譜書。

我為了用一般材料、自家廚房、家用烤箱，
無限接近地重現「CHIPPRUSON」招牌且受歡迎的麵包口味，下了許多功夫。

本書反映我以日本各地取得的各種麵粉來做麵包的經驗和感覺，
將能省的流程省去，
並記載了無論使用哪一種麵粉都能美味呈現的基礎麵團之配方。

話雖如此，本書仍保留造就美味關鍵的製作流程，
所以就算是平時以麵包製作為興趣的人，
應該也能從食譜中享受自己動手做麵包的樂趣。

我從大量閱讀裡認識了天然酵母麵包的世界。
換句話說，教我麵包的老師是書本。

本書是我的經驗集結，若能成為各位做麵包的路標，
將是我最大的幸福。

CHIPPRUSON
齊藤知惠

# 想先學會的

# 軟麵包

首先，請試著製作每個家中成員都會喜歡，

鬆軟又有嚼勁的天然酵母麵包吧。

基本配方就很美味的簡樸麵團，

和蔬菜、香草、醬汁或奶油都很搭，只要操作熟練後，

就能變化出無限的可能，像是配菜麵包、點心麵包等等。

相信軟麵包一定能成為您日常餐桌上的強力後盾。

CHIPPRUSON 的

# 豆漿麵包捲

# 豆漿麵包捲

表皮酥脆，內裡柔韌，讓人忍不住想要伸手去拿，一口接一口的麵包類型就是餐包。藉由加入少量的豆漿帶出小麥的甜味，就完成了越嚼越有深度的麵團。這是一道用 100% 植物性食材製作，過敏體質也可以安心享用的食譜

基礎麵團 ①
豆漿麵包捲

## 材料（份量 6 個）

A 發酵種（參照 P.80～83）……60g
原味豆漿……20g
水……100g

太白胡麻油……10g
高筋麵粉……170g
＋適量（手粉用、裝飾用）

黍砂糖……10g
鹽……4g
沙拉油……適量
（用於塗抹於食物保存容器）

### 前置準備工作

· 在食物保存容器中加入幾滴沙拉油，用廚房紙巾塗一層薄薄的油佈滿容器內側。

---

**攪拌**

① 開始揉麵前，先將【A】材料加入較小的攪拌盆中，用手指一邊輕輕揉開發酵種，一邊與水混合均勻，軟化備用。有一些小結塊無妨。

② 家用製麵包機容器裝上麵包用的攪拌葉片，依序放入步驟①的材料、太白胡麻油、高筋麵粉、黍砂糖、鹽。按下開始鍵，攪拌麵團 13 分鐘。

③ 從麵包容器中輕柔地取出麵團，移入已抹油的食物保存容器內。

※ 黏在容器及攪拌葉片上的麵團，也要用橡皮刮刀輕輕刮除乾淨，全量用完。

**放置**（活化酵母菌）→ **冷藏**（一次發酵）

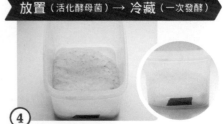

④ 在食物保存容器上蓋上蓋子，在 25～30 度的環境下放置 1～2 小時（無法準備指定的溫度環境時，請參照下述的 CHIP'S MEMO）。為了觀察這個階段的麵團高度，用紙膠帶等工具做上記號。蓋上蓋子放進冰箱冷藏，進行一次發酵一個晚上（最少 8 小時。這個狀態的麵團最長可存放 36 小時）。

---

## CHIP'S MEMO　無法準備指定的溫度環度時

無法準備麵包麵團〈放置〉流程中所指定的溫度環境時，請試試右記在烤箱內放入熱水袋或保冷劑以製造出適溫狀態的創意點子。如果烤箱內狹窄，熱水袋或保冷劑在擺放時無法與麵團保持適當距離的話，這時可用較大的保麗龍盒或保冷箱來進行。

無論是什麼情況，都要在動手做麵包前試做一遍，實際確認一下能否維持適當溫度會比較放心。以烤箱和熱水袋的情形為例，先在烤箱內放入熱水袋和溫度計（保持適當的距離），放置一小時後觀察烤箱內的溫度變化，以此結果做為基準點，下功夫找出調整的方法，如熱水袋的水量增減或更換時機等等。

「想提升溫度時：烤箱＋熱水袋 1 個」
①將熱水倒入熱水袋中，一會兒後倒掉（用於溫熱熱水袋內部）。②準備一支溫度計，將測得水溫在 60 度左右的熱水倒入熱水袋後栓緊瓶蓋。③熱水袋和裝有麵團的食物保存容器（或是裝盛麵團的烤盤）以適當的間隔擺放在電源為關閉狀態的烤箱內，關上烤箱的門，依指定的時間放置。④若放置時間超過一小時以上的話，一小時後取出熱水袋並倒出袋裡的水，再次倒入 60 度左右的熱水，重新放進烤箱內（烤箱內的溫度容易產生變化，請盡快完成取出及放入的動作）。

※ 熱水袋避開金屬製品，建議使用有溫和導熱效果的矽膠材質、橡膠材質或聚氯乙烯材質，容量約 2 公升上下的（不過要仔細確認能否放入自家烤箱內）。若是烤箱內空間寬敞的烤箱（如瓦斯

烤箱），準備 2 個熱水袋或許會比較妥當。在使用熱水的過程中，要注意防止燙傷。

「想降低溫度時：烤箱＋保冷劑 6～8 個」
事先將 6～8 個保冷劑放入冰箱冷凍。將 3～4 個保冷劑（最好角落各放一個）和裝有麵團的食物保存容器（或是裝盛麵團的烤盤），擺放在電源為關閉狀態的烤箱內，關上烤箱的門，依指定的時間放置。若放置時間超過一小時以上的話，一小時後替換新的保冷劑（烤箱內的溫度容易產生變化，請盡快完成取出及放入的動作）。

※ 事先備好 6～8 個手掌大小的保冷劑，就很容易依個數的增減或替換次數來調整溫度。一開始最好用 3 個＋替換用 3 個來試，以此結果做為基準點，找出維持適當溫度的個數和替換時機。

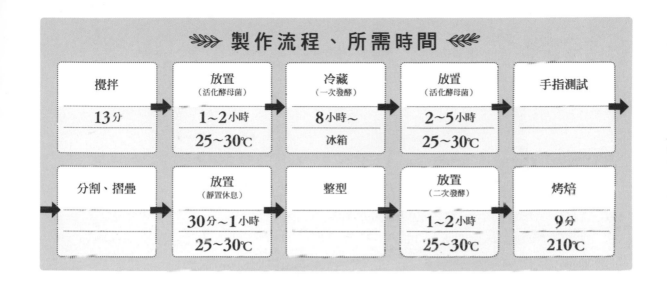

## 製作流程、所需時間

| 攪拌 | 放置<br>(活化酵母菌) | 冷藏<br>(一次發酵) | 放置<br>(活化酵母菌) | 手指測試 |
|---|---|---|---|---|
| 13分 | 1～2小時<br>25～30℃ | 8小時～<br>冰箱 | 2～5小時<br>25～30℃ | |

| 分割、摺疊 | 放置<br>(靜置休息) | 整型 | 放置<br>(二次發酵) | 烤焙 |
|---|---|---|---|---|
| | 30分～1小時<br>25～30℃ | | 1～2小時<br>25～30℃ | 9分<br>210℃ |

### 放置(活化酵母菌)

**⑤**

從冰箱取出,蓋子保持輕蓋的狀態讓空氣可以進入容器,再次在 25～30 度的環境下放置 2～5 小時。以步驟④做的記號為基準,待其膨脹至約 2 倍大。

※ 在第二次的放置階段,為了補充氧氣使酵母活性提升,請勿將容器完全密封。

### 手指測試

**⑥**

檢測麵團的發酵情形。麵團表面用濾茶網篩上一層薄薄的高筋麵粉,以食指從麵團中央往下戳到底。若麵團慢慢回復原狀,洞底稍有回縮就 OK 了。

### 分割、摺疊

**⑦**

工作台用濾茶網篩上一層薄薄的高筋麵粉。將裝有麵團的食物保存容器倒扣,採自由落體方式取出麵團。

※ 由於會造成麵團損傷,如無必要請盡量避免接觸(尤其是側面)。

**⑧**

將麵團翻面,以刮板平均分割成 6 等份(1個約 60g)。

**⑨**

分割好的麵團參考 P.84 的方法進行摺疊,在烤盤中鋪上烘焙紙,用濾茶網篩上一層薄薄的高筋麵粉,麵團收口朝下放在烤盤上。其餘 5 個也以相同方式操作。

### 放置(靜置休息)

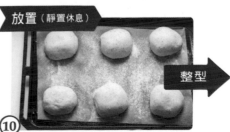

**整型**

**⑩**

在 25～30 度的環境下放置 30 分鐘～1 小時。

⑪ 麵團表面朝上放在工作台上，麵團表面用濾茶網篩上一層薄薄的高筋麵粉。

用手掌輕輕按壓麵團周圍，壓成原來 2 倍大的半球狀，排出空氣。

將麵團翻面，從上端往內捲三次，捲成細長的圓棒狀。

收口處用手指捏緊。

直接用兩手滾動，麵團右端整成圓錐狀。

麵團收口朝上，圓錐狀朝著身體的方向直放，以擀麵棍從身體方向往前擀，將麵團壓平，擠出空氣。

從上端往內捲三次，捲成圓筒狀。

收口處用手指捏緊。

烤盤上重新鋪上烘焙紙，麵團收口處朝下放置。

⑫ 在 25～30 度的環境下放置 30 分鐘～1 小時，使麵團進行二次發酵。當麵團膨脹大上一圈時，用手觸摸確認表面膨鬆軟彈後，將烤箱預熱到 210 度。完成預熱後，麵團表面用濾茶網篩上一層薄薄的高筋麵粉，將烤盤送進烤箱烤 9 分鐘。麵包出爐後放網架上待涼，放涼後即完成。

## CHIP'S MEMO

用一般市售的高筋麵粉製作就十分美味，若將高筋麵粉全部換成「北香高筋麵粉（キタノカオリ）」可以使美味度更提升。再進一步說，以北香高筋麵粉 130g +「香麥」40g 製作，會更接近 CHIPPRUSON 的味道。

CHIPPRUSON 的
# 原味佛卡夏

／柑橘佛卡夏

# 原味佛卡夏 ／柑橘佛卡夏

這是一款運用橄欖油散發出香氣，讓人食欲大開的義大利風味麵包。實際上只是將「豆漿麵包捲」的太白胡麻油換成橄欖油，搭配義大利麵或帕尼尼（註：義式三明治）即可呈現道地味道。整型也很簡單。既可以撒上迷迭香和岩鹽當開胃菜，也可以加入柑橘果乾讓味道變得甘甜清爽。柑橘果乾使用市售品也無妨，不過 P.70 會介紹摻了果汁讓成品超級多汁的食譜，請務必親手試做看看！

## 原味佛卡夏

### 材料（份量6個）

A 發酵種（參照 P.80～83）……60g
　原味豆漿……20g
　水……100g

橄欖油……15g ＋適量（裝飾用）
高筋麵粉……170g ＋適量（手粉用）
黍砂糖……10g
鹽……4 g
迷迭香（乾燥）……適量
岩鹽……適量
沙拉油……適量（用於塗抹於食物保存容器）

### 前置準備工作

· 在食物保存容器中加入幾滴沙拉油，用廚房紙巾塗一層薄薄的油佈滿容器內側。

## 攪拌

① 開始揉麵前，先將【A】材料加入較小的攪拌盆中，用手指一邊輕輕揉開發酵種，一邊與水混合均勻，軟化備用。有一些小結塊無妨。

② 家用製麵包機容器裝上麵包用的攪拌葉片，依序放入步驟①的材料、橄欖油、高筋麵粉、黍砂糖、鹽。按下開始鍵，攪拌麵團 13 分鐘。

③ 從麵包容器中輕柔地取出麵團，移入已抹油的食物保存容器內。

※ 黏在容器及攪拌葉片上的麵團，也要用橡皮刮刀輕輕刮除乾淨，全量用完。

## 放置（活化酵母菌）

④ 在食物保存容器上蓋上蓋子，在 25～30 度的環境下放置 1～2 小時（無法準備指定的溫度環境時，請參照 P.10 的 CHIP'S MEMO）。為了觀察這個階段的麵團高度，用紙膠帶等工具做上記號。

## 冷藏（一次發酵）

⑤ 蓋上蓋子放進冰箱冷藏，進行一次發酵一個晚上（最少 8 小時。這個狀態的麵團最長可存放 36 小時）。

## 放置（活化酵母菌）

⑥ 從冰箱取出，蓋子保持輕蓋的狀態讓空氣可以進入容器，再次在 25～30 度的環境下放置 2～5 小時。以步驟④做的記號為基準，待其膨脹至約 2 倍大。

※ 在第二次的放置階段，為了補充氧氣使酵母活性提升，請勿將容器完全密封。

## 手指測試

⑦ 檢測麵團的發酵情形。麵團表面用濾茶網篩上一層薄薄的高筋麵粉，以食指從麵團中央往下戳到底。若麵團慢慢回復原狀，洞底稍有回縮就 OK 了。

※ 這時要記得以濾茶網篩上高筋麵粉的那一面，就是麵包的表面。

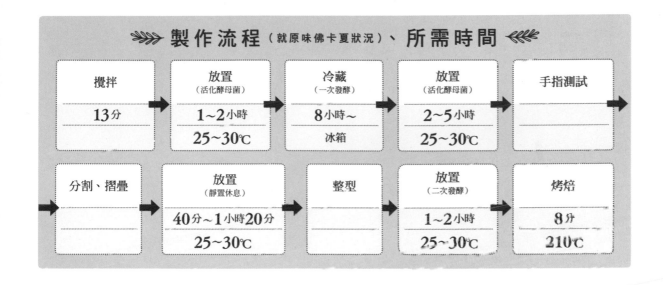

製作流程（就原味佛卡夏狀況）、所需時間

| 攪拌 | 放置（活化酵母菌） | 冷藏（一次發酵） | 放置（活化酵母菌） | 手指測試 |
|---|---|---|---|---|
| 13分 | 1～2小時<br>25～30℃ | 8小時～<br>冰箱 | 2～5小時<br>25～30℃ | |

| 分割、摺疊 | 放置（靜置休息） | 整型 | 放置（二次發酵） | 烤焙 |
|---|---|---|---|---|
| | 40分～1小時20分<br>25～30℃ | | 1～2小時<br>25～30℃ | 8分<br>210℃ |

## 分割，摺疊

(8) 工作台用濾茶網篩上一層薄薄的高筋麵粉。將裝有麵團的食物保存容器倒扣，採自由落體方式取出麵團。
※ 由於會造成麵團損傷，如無必要請盡量避免接觸（尤其是側面）。

(9) 將麵團翻面，以刮板平均分割成6等份（1個約60g）。

(10) 分割好的麵團參考 P.84 的方法進行摺疊，在烤盤中鋪上烘焙紙，用濾茶網篩上一層薄薄的高筋麵粉，麵團收口朝下放在烤盤上。其餘 5 個也以相同方式操作。

## 放置（靜置休息）

(11) 在 25 ～ 30 度的環境下放置 40 分鐘～ 1 小時 20 分鐘。

## 整型

(12) 麵團表面朝上放在工作台上，麵團表面用濾茶網篩上一層薄薄的高筋麵粉。用手掌輕輕按壓麵團周圍，壓成原來 2 倍大的半球狀，排出空氣。烤盤上重新鋪上烘焙紙，半球狀的一方朝上放置。

## 放置（二次發酵）

(13) 在 25 ～ 30 度的環境下放置 1 ～ 2 小時，使麵團進行二次發酵。待麵團膨脹大上一圈，用手觸摸確認表面膨鬆軟彈就 OK 了。

## 烤焙

(14) 將烤箱預熱到 210 度。完成預熱後，用毛刷在整個麵團表面塗上橄欖油（ⓑ），撒上迷失香和岩鹽，以食指和中指依圖ⓒ方式在麵團上戳 6 個洞（由於這段期間麵團仍在發酵，所以要盡快完成）。將烤盤送進烤箱烤 8 分鐘。麵包出爐後放網架上待涼，放涼後即完成。

## ◊⟨ 柑橘佛卡夏 ⟩◊

### 材料（份量 6 個）

**A** ▍ 發酵種（參照 P.80～83）……60g
▍ 原味豆漿……20g
▍ 水……100g

橄欖油……15g ＋適量（裝飾用）
高筋麵粉……170g ＋適量（手粉用）
黍砂糖……10g
鹽……4 g
柑橘果乾（若想手工製作請參照 P.70）……40g
岩鹽……適量
沙拉油……適量（用於塗抹於食物保存容器）

### 前置準備工作

· 在食物保存容器中加入幾滴沙拉油，用廚房紙巾塗一層薄薄的油佈滿容器內側。
· 事先用刀子將果乾切成和葡萄乾差不多大小。

① 開始揉麵前，先將【A】材料加入較小的攪拌盆中，用手指一邊輕輕揉開發酵種，一邊與水混合均勻，軟化備用。有一些小結塊無妨。

② 家用製麵包機容器裝上麵包用的攪拌葉片，依序放入步驟①的材料、橄欖油、高筋麵粉、黍砂糖、鹽。按下開始鍵，攪拌麵團 13 分鐘。

③ 從麵包容器中輕柔地取出麵團，不用撒手粉，直接放在工作台上。將切好的果乾全部鋪在麵團上，麵團以刮刀縱切成兩半後疊放。將麵團轉向 90 度，再次縱切成兩半後疊放。重複 1～2 次直到果乾佈滿麵團。將麵團移入已抹油的食物保存容器。

④ 進行 P.14 到 P.15 的步驟④～⑬（分割後每個重量約 69g）。

⑤ 將烤箱預熱到 210 度。完成預熱後，用毛刷在整個麵團表面塗上橄欖油，撒上岩鹽，參考 P.15 製作流程的步驟⑭，在麵團上戳 6 個洞（由於這段期間麵團仍在發酵，所以要盡快完成）。將烤盤送進烤箱烤 8 分鐘。麵包出爐後放網架上待涼，放涼後即完成。

※ 黏在容器及攪拌葉片上的麵團，也要用橡皮刮刀輕輕刮除乾淨，全量用完。
※ 混合材料時，工作台上不用撒手粉。

### CHIP'S MEMO

把這道食譜的高筋麵粉全部換成「北香高筋麵粉」，或是用北香高筋麵粉 130g ＋香麥 40g 來製作，同樣能提升麵粉的風味及嚼感。市售的果乾多半摻有防腐劑及甜味劑，因此建議自己動手做。

CHIPPRUSON 的

# 蔬菜馬賽克鑲嵌麵包

# 蔬菜馬賽克鑲嵌麵包

塗鴉牆麵包的靈感來自於我 10 幾歲時在西班牙學習鑲嵌畫的經驗。雖然只是將蔬菜加以排列，就完成一道色彩繽紛、迫力十足的美食。就連切麵包的時候也讓人興奮不已，適合熱鬧的派對場合。

基礎麵團 ②
佛卡夏

## 材料（份量 6 個）

A｜ 發酵種（參照 P.80 ～ 83）……100g
　｜ 原味豆漿……25g
　｜ 水……110g

橄欖油……18g ＋適量（裝飾用）
全麥麵粉（屬於高筋麵粉）……60g
高筋麵粉……140g ＋適量（手粉用）
黍砂糖……10g
鹽……5g

乳酪絲……110g
當季蔬菜……適量（馬鈴薯、胡蘿蔔、茄子、青椒、秋葵、南瓜等 4 ～ 5 種）
喜好的香料和乾燥香草……適量（紅甜椒粉、孜然、印度綜合香料葛拉姆馬薩拉、奧勒岡葉、百里香等）
岩鹽……適量
黑胡椒（粗粒）……適量
沙拉油……適量（用於塗抹於食物保存容器）

## 前置準備工作

· 在食物保存容器中加入幾滴沙拉油，用廚房紙巾塗一層薄薄的油佈滿容器內側。
· 在攪拌盆內放入全麥麵粉 60g 和高筋麵粉 140g，用攪拌機稍微拌合。
· 蔬菜分別清淨瀝乾水分，用刀子切成厚約 7 ～ 8mm 的薄片或喜好的形狀。

## 攪拌

① 開始揉麵前，先將【A】材料加入較小的攪拌盆中，用手指一邊輕輕揉開發酵種，一邊與水混合均勻，軟化備用。有一些小結塊無妨。

② 家用製麵包機容器裝上麵包用的攪拌葉片，依序放入步驟①的材料、橄欖油、混合好的全麥麵粉和高筋麵粉、黍砂糖、鹽。按下開始鍵，攪拌麵團 13 分鐘。

③ 從麵包容器中輕柔地取出麵團，移入已抹油的食物保存容器內。

※ 黏在容器及攪拌葉片上的麵團，也要用橡皮刮刀輕輕刮除乾淨，全量用完。

## 放置（活化酵母菌）

④ 在食物保存容器上蓋上蓋子，在 25 ～ 30 度的環境下放置 1 ～ 2 小時（無法準備指定的溫度環境時，請參照 P.10 的 CHIP'S MEMO）。為了觀察這個階段的麵團高度，用紙膠帶等工具做上記號。

## 冷藏（一次發酵）

⑤ 蓋上蓋子放進冰箱冷藏，進行一次發酵一個晚上（最少 8 小時。這個狀態的麵團最長可放 36 小時）。

## 放置（活化酵母菌）

⑥ 從冰箱取出，蓋子保持輕蓋的狀態讓空氣可以進入容器，再次在 25 ～ 30 度的環境下放置 2 ～ 5 小時。以步驟④做的記號為基準，待其膨脹至約 2 倍大。

※ 在第二次的放置階段，為了補充氧氣使酵母活性提升，請勿將容器完全密封。

## 手指測試

⑦ 檢測麵團的發酵情形。麵團表面用濾茶網篩上一層薄薄的高筋麵粉，以食指從麵團中央往下戳到底。若麵團慢慢回復原狀，洞底稍有回縮就 OK 了。

※ 這時要記得以濾茶網篩上高筋麵粉的那一面，就是麵包的表面。

## 整型

⑧ 工作桌面用濾茶網篩上一層薄薄的高筋麵粉。將裝有麵團的食物保存容器倒扣，採自由落體方式取出麵團。

※ 由於會造成麵團損傷，如無必要請盡量避免接觸（尤其是側面）。

⑨ 用手在擀麵棍上撒些高筋麵粉，將麵團擀開。擀麵棍擀動 3～4 次後翻面，最後擀成 A4 大小。

※ 麵團不易延展時，請勿勉強製作，讓麵團休息 10 分鐘左右再繼續。

⑩ 麵團表面朝上放在鋪有烘焙紙的烤盤上，用手指將麵團延展至全烤盤。

## 放置（二次發酵）

⑪ 在 25～30 度的環境下放置 40 分鐘～1 小時，使麵團進行二次發酵。待麵團膨脹大上一圈，用手觸摸確認表面膨鬆軟彈就 OK 了。

## 裝飾

⑫ 用叉子在麵團表面刺出一些小孔洞（ⓐ），上面鋪滿乳酪絲（ⓑ）。像鑲嵌畫一樣，隨意排放切好的蔬菜，每排一個就用手從正上方壓入麵團（ⓒ）。整體淋上橄欖油，想畫龍點睛時，可以用濾茶網篩上辛香料，或將乾燥香草鋪在麵團上（ⓓ）。最後撒上岩鹽和黑胡椒。

※ 排放的訣竅在於大塊的蔬菜先排，再用小塊的蔬菜填滿間隙。

## 烤焙

⑬ 將烤箱預熱到 220 度。完成預熱後，將烤盤送進烤箱烤 45 分鐘。麵包出爐後放網架上待涼，放涼後即完成。

### 豆漿白醬製作

① 在單手鍋中加入一半份量（15g）的太白胡麻油，轉小火。待油溫升高後，加入低筋麵粉，用木杓輕輕拌炒 3 分鐘。

② 低筋麵粉烹煮熟透至有香味時，加入事先磨成粉狀的腰果，用木杓攪拌均勻。

③ 待全體均勻上色後，將事先加熱的豆漿分 5～6 次加入，每次都要用木杓充分拌勻。醬汁會慢慢變得濃稠，期間要持續攪拌以免結塊。煮至出現光澤時，加入鹽 5g，將鍋子從爐火上移開。

④ 在平底鍋中加入剩餘的太白胡麻油（15g），轉中火。平底鍋燒熱後，加入切好的洋蔥、剝散的舞菇，一邊用木杓攪拌，一邊拌炒至變軟，接著加入切塊的地瓜，整體大致混合。

⑤ 加入白酒、水、月桂葉、肉豆蔻、白胡椒後蓋上蓋子，將地瓜煮熟。地瓜燉煮至竹籤可以穿透後，加入步驟③和 2 小撮的鹽混合（試味道，依個人喜好加鹽調整鹹度）。調味好之後，將平底鍋從爐火上移開。

# 披薩麵包

我試著將受到眾人喜愛的披薩麵包，變化成有 CHIPPRUSON 風格的麵包。以腰果增加濃郁度，加入地瓜增添甜味的豆漿白醬十分美味，讓人感覺不到是由 100% 純植物原料所製成。光看起司在烤箱中融化的模樣，就令人食指大動的一道食譜。

## 材料（份量 6 個）

【豆漿白醬】
太白胡麻油……30g
低筋麵粉……18g
腰果……15g
原味豆漿……200g
鹽……5g ＋ 2 小撮
洋蔥……50g
舞菇……40g
地瓜……100g
白酒……50g
水……150g
月桂葉……1 片
肉豆蔻……少許
白胡椒……適量

【麵團】
A　發酵種（參照 P.80 ～ 83）……60g
　　原味豆漿……20g
　　水……100g

橄欖油……15g
高筋麵粉……170g
　　＋適量（手粉用、裝飾用）
黍砂糖……10g
鹽……4g

乳酪絲……100g
沙拉油……適量（用於塗抹於食物保存容器）

## 前置準備工作

· 在食物保存容器中加入幾滴沙拉油，用廚房紙巾塗一層薄薄的油佈滿容器內側。
· 地瓜洗淨瀝乾水分，滾刀切成大塊，或是切條。放入裝有水的攪拌盆中泡水 5 分鐘，撈起瀝乾水分，備用。
· 洋蔥剝去外皮，切成薄片備用。
· 舞菇用手撥開，大小介在地瓜和洋蔥之間。
· 腰果放進食物調理機中打成粉末狀備用。
· 豆漿倒入耐熱容器中，以微波爐加熱到體溫左右的溫度。

## 麵團製作

### 攪拌

⑥ 開始揉麵前，先將【A】材料加入較小的攪拌盆中，用手指一邊輕輕揉開發酵種，一邊與水混合均勻，軟化備用。有一些小結塊無妨。

⑦ 家用製麵包機容器裝上麵包用的攪拌葉片，按照⑥、橄欖油、高筋麵粉、黍砂糖、鹽的順序放入。按下開始鍵，攪拌麵團 13 分鐘。

⑧ 從麵包容器中輕柔地取出麵團，移入已抹油的食物保存容器內。

※ 黏在容器及攪拌葉片上的麵團，也要用橡皮刮刀輕輕刮除乾淨，全量用完。

### 放置（活化酵母菌）

⑨ 在食物保存容器上蓋上蓋子，在 25 ～ 30 度的環境下放置 1 ～ 2 小時（無法準備指定的溫度環境時，請參照 P.10 的 CHIP'S MEMO）。為了觀察這個階段的麵團高度，用紙膠帶等工具做上記號。

⑩ 蓋上蓋子放進冰箱冷藏，進行一次發酵一個晚上（最少 8 小時。這個狀態的麵團最長可存放 36 小時）。

放置（活化酵母菌）

⑪ 從冰箱取出，蓋子保持輕蓋的狀態讓空氣可以進入容器，再次在 25 ～ 30 度的環境下放置 2 ～ 5 小時。以步驟⑨做的記號為基準，待其膨脹至約 2 倍大。

※ 在第二次的放置階段，為了補充氧氣使酵母活性提升，請勿將容器完全密封。

手指測試

⑫ 檢測麵團的發酵情形。麵團表面用濾茶網篩上一層薄薄的高筋麵粉，以食指從麵團中央往下戳到底。若麵團慢慢回復原狀，洞底稍有回縮就 OK 了。

※ 這時要記得以濾茶網篩上高筋麵粉的那一面，就是麵包的表面。

分割、摺疊

⑬ 工作桌面用濾茶網篩上一層薄薄的高筋麵粉。將裝有麵團的食物保存容器倒扣，採自由落體方式取出麵團。

※ 由於會造成麵團損傷，如無必要請盡量避免接觸（尤其是側面）。

⑭ 將麵團翻面，以刮板平均分割成 6 等份（1 個約 60g）。

⑮ 分割好的麵團參考 P.84 的方法進行摺疊，在烤盤中鋪上烘焙紙，用濾茶網篩上一層薄薄的高筋麵粉，麵團收口朝下放在烤盤上。其餘 5 個也以相同方式操作。

放置（靜置休息）

⑯ 在 25 ～ 30 度的環境下放置 30 分鐘～ 1 小時。

⑰ 麵團表面朝上放在工作台上，麵團表面用濾茶網篩上一層薄薄的高筋麵粉。用手掌輕輕按壓麵團，壓成原來 2 倍大的半球狀，排出空氣。將麵團翻面，捏起麵團的一端向內摺入約 1cm 與麵團黏合，重複這項作業直到在邊緣做出一圈摺痕。烤盤上重新鋪上烘焙紙，麵團有摺痕的那面朝上放置烤盤上（ⓐ）。

放置（二次發酵）

⑱ 在 25 ～ 30 度的環境下放置 1 小時～ 1 小時半，使麵團進行二次發酵。待麵團膨脹大上一圈，用手觸摸確認表面膨鬆軟彈就 OK 了。（ⓑ）

烤焙

⑲ 將烤箱預熱到 230 度。這段期間，在每個麵團的摺邊中間各放入 2 ～ 3 大匙步驟⑤的材料（ⓒ）。上面鋪滿乳酪絲，用手壓一下防止餡料掉落（ⓓ）。完成預熱後，將烤盤送進烤箱烤 14 分鐘。麵包出爐後放網架上待涼，放涼後即完成。

# 自家製番茄醬披薩

也請試著以佛卡夏麵團烤出有嚼勁的披薩。只要在多汁的番茄醬上鋪上當季蔬菜，沒一會兒功夫就能變出一道美味佳餚。大膽地把蔬菜切得大塊一些會比較好吃。P.68 也會將私藏的自家製番茄醬食譜傳授給大家，務必試作看看！

## 材料（份量 6 個）

A 發酵種（參照 P.80 ～ 83）…… 60g
　原味豆漿……20g
　水……100g

橄欖油……15g ＋適量（裝飾用）

高筋麵粉……170g ＋適量（手粉用）

黍砂糖……10g

鹽……4 g

自家製番茄醬（參照 P.68）……6 大匙

乳酪絲……90g

當季蔬菜……適量（茄子、馬鈴薯、萬願寺甜辣椒、秋葵、洋蔥等）

帕馬森起司……適量

岩鹽……適量

沙拉油……適量（用於塗抹於食物保存容器）

## 前置準備工作

· 在食物保存容器中加入幾滴沙拉油，用廚房紙巾塗一層薄薄的油佈滿容器內側。

· 蔬菜分別清淨並瀝乾水分，用刀子切成大塊備用。

## 攪拌

**①** 開始揉麵前,先將【A】材料加入較小的攪拌盆中,用手指一邊輕輕揉開發酵種,一邊與水混合均勻,軟化備用。有一些小結塊無妨。

**②** 家用製麵包機容器裝上麵包用的攪拌葉片,依序放入步驟①的材料、橄欖油、高筋麵粉、黍砂糖、鹽。按下開始鍵,攪拌麵團13分鐘。

**③** 從麵包容器中輕柔地取出麵團,移入已抹油的食物保存容器內。

※ 黏在容器及攪拌葉片上的麵團,也要用橡皮刮刀輕輕刮除乾淨,全量用完。

## 放置(活化酵母菌)

**④** 在食物保存容器上蓋上蓋子,在25～30度的環境下放置1～2小時(無法準備指定的溫度環境時,請參照P.10的CHIP'S MEMO)。為了觀察這個階段的麵團高度,用紙膠帶等工具做上記號。

## 冷藏(一次發酵)

**⑤** 蓋上蓋子放進冰箱冷藏,進行一次發酵一個晚上(最少8小時。這個狀態的麵團最長可放36小時)。

## 放置(活化酵母菌)

**⑥** 從冰箱取出,蓋子保持輕蓋的狀態讓空氣可以進入容器,再次在25～30度的環境下放置2～5小時。以步驟④做的記號為基準,待其膨脹至約2倍大。

※ 在第二次的放置階段,為了補充氧氣使酵母活性提升,請勿將容器完全密封。

## 手指測試

**⑦** 檢測麵團的發酵情形。麵團表面用濾茶網篩上一層薄薄的高筋麵粉,以食指從麵團中央往下戳到底。若麵團慢慢回復原狀,洞底稍有回縮就OK了。

※ 這裡要記得以濾茶網篩上高筋麵粉的那一面,就是麵包的表面。

## 分割、摺疊

**⑧** 工作桌面用濾茶網篩上一層薄薄的高筋麵粉。將裝有麵團的食物保存容器倒扣,採自由落體方式取出麵團。

※ 由於會造成麵團損傷,如無必要請盡量避免接觸(尤其是側面)。

**⑨** 將麵團翻面,以刮板平均分割成6等份(1個約60g)。

**⑩** 分割好的麵團參考P.84的方法進行摺疊,在烤盤中鋪上烘焙紙,用濾茶網篩上一層薄薄的高筋麵粉,麵團收口朝下放在烤盤上。其餘5個也以相同方式操作。

## 放置(靜置休息)

**⑪** 在25～30度的環境下放置30分鐘～1小時。

## 整型

**⑫** 麵團表面朝上放在工作台上,用濾茶網在麵團表面撒上一層薄薄的高筋麵粉。用手掌輕輕按壓麵團周圍,壓成原來2倍大的半球狀,排出空氣。烤盤上重新鋪上烘焙紙,半球狀的一方朝上放置。

## 放置(二次發酵)

**⑬** 在25～30度的環境下放置1小時～1小時半,使麵團進行二次發酵。待麵團膨脹大上一圈,用手觸摸確認表面膨鬆軟彈就OK了。

## 裝飾

**⑭** 用叉子在麵皮表面刺出一些小孔洞,在每個麵團中央放上1大匙番茄醬,稍微整平(塗在麵團邊緣會烤焦,因此邊緣要留一圈空白)。上面鋪滿乳酪絲(ⓐ),放上切好的蔬菜,用手從正上方往下壓將麵團鋪平(ⓑ)。整體淋上橄欖油,撒上帕馬森起司、岩鹽。

## 烤焙

**⑮** 將烤箱預熱到230度。完成預熱後,將烤盤送進烤箱烤14分鐘。披薩出爐後放在網架上就完成了。請趁熱享用。

CHIPPRUSON 的
# 葉子麵包

# 葉子麵包

緊密紮實的口感令人上癮，是款南法普羅旺斯當地的傳統麵包。
以新鮮羅勒葉做成調味料，不是混在麵團裡，而是以刮板在麵
團表面刻劃出開口，隨著咀嚼清爽香味就在口中蔓延開來。刻
劃葉子紋理也是一道令人雀躍的作業。

基礎麵團 ②
佛卡夏

## 材料（份量 4 個）※ 使用兩個烤盤

A 發酵種（參照 P.80～83）……60g
原味豆漿……20g
水……100g

橄欖油……15g ＋適量（裝飾用）
高筋麵粉……170g ＋適量（手粉用）
黍砂糖……10g
鹽……4 g

新鮮羅勒葉……8g

※ 也可用 2～3 片的菠菜取代

帕馬森起司……適量
沙拉油……適量（用於塗抹於食物保存容器）

## 前置準備工作

· 在食物保存容器中加入幾滴沙
拉油，用廚房紙巾塗一層薄薄
的油佈滿容器內側。

· 新鮮羅勒葉洗淨，瀝乾水分備
用（若使用菠菜，洗淨瀝乾水
分後，用手撕成大片備用）。

### 攪拌

① 開始揉麵前，先將【A】材料加入較小的攪拌盆中，用手
指一邊輕輕揉開發酵種，一邊與水混合均勻，軟化備用。
有一些小結塊無妨。

② 家用製麵包機容器裝上麵包用的攪拌葉片，步驟①的材料、
橄欖油、高筋麵粉、黍砂糖、鹽依序放入。按下開始鍵，
攪拌麵團 13 分鐘。

③ 從麵包容器中輕柔地取出麵團，不用撒手粉，直接放在工
作台上。將新鮮羅勒葉全部鋪在麵團上，麵團用刮刀縱切
成兩半後疊放。將麵團轉向 90 度，再次縱切成兩半後疊
放。重複 1～2 次直到新鮮羅勒葉佈滿麵團。將麵團移入
抹油的食物保存容器。

※ 黏在容器及攪拌葉片上的麵團，也要用橡皮刮刀輕輕刮除乾淨，
全量用完。
※ 混合材料時，工作台上不用撒手粉。

### 放置（活化酵母菌）

④ 在食物保存容器上蓋上蓋子，在 25～30 度的環境下放置
1～2 小時（無法準備指定的溫度環境時，請參照 P.10 的
CHIP'S MEMO）。為了觀察這個階段的麵團高度，用紙膠
帶等工具做上記號。

### 冷藏（一次發酵）

⑤ 蓋上蓋子放進冰箱冷藏，進行一次發酵一個晚上（最少 8
小時。這個狀態的麵團最長可存放 36 小時）。

### 放置（活化酵母菌）

⑥ 從冰箱取出，蓋子保持輕蓋的狀態讓空氣可以進入容器，
再次在 25～30 度的環境下放置 2～5 小時。以步驟④做
的記號為基準，待其膨脹至約 2 倍大。

※ 在第二次的放置階段，為了補充氧氣使酵母活性提升，請勿將容
器完全密封。

### 手指測試

⑦ 檢測麵團的發酵情形。用濾茶網篩上一層薄薄的高筋麵粉，
以食指從麵團中央往下戳到底。若麵團慢慢回復原狀，洞
底稍有回縮就 OK 了。

※ 這時要記得以濾茶網篩上高筋麵粉的那一面，就是麵包的表面。

## 分割、摺疊

⑧ 用濾茶網在工作台上篩上一層薄薄的高筋麵粉。將裝有麵團的食物保存容器倒扣，採自由落體方式取出麵團。

※ 由於會造成麵團損傷，如無必要請盡量避免接觸（尤其是側面）。

⑨ 將麵團翻面，以刮板平均分割成 4 等份（1 個約 90g）。

⑩ 分割好的麵團參考 P.84 的方法進行摺疊，在烤盤中鋪上烘焙紙，用濾茶網篩上一層薄薄的高筋麵粉，麵團收口朝下放在烤盤上。其餘 3 個也以相同方式操作。

## 放置（靜置休息）

⑪ 在 25 ～ 30 度的環境下放置 30 分鐘～ 1 小時。

## 整型

⑫ 用濾茶網在工作台上篩上一層薄薄的高筋麵粉，麵團表面朝上放在工作台上，用濾茶網在麵團表面撒上一層薄薄的高筋麵粉。用手掌輕輕按壓麵團周圍，壓成原來 2 倍大的半球狀，排出空氣。

⑬ 用手在擀麵棍上撒些高筋麵粉，將麵團擀成厚約 7 ～ 8mm 的橢圓形。用擀麵棍在麵團表面擀動 1 ～ 2 次，翻面後再擀動 1 ～ 2 次，接著翻回表面。使用刮板圓弧一側，刻劃出葉脈紋路（ⓐ），用手指輕輕把刻痕拉開（ⓑ）。準備兩張烤盤，分別鋪上烘焙紙，麵團有刻痕那面朝上，兩兩放入烤盤中。

ⓐ

ⓑ

## 放置（二次發酵）

⑭ 在 25 ～ 30 度的環境下放置 40 分鐘～ 1 小時 20 分鐘，使麵團進行二次發酵。待麵團膨脹大上一圈，用手觸摸確認表面膨鬆軟彈就 OK 了（ⓒ）。

## 烤焙

⑮ 將烤箱預熱到 230 度。完成預熱後，用毛刷在整個麵團表面塗上橄欖油，撒上適量帕馬森起司（ⓓ）。將烤盤送進烤箱烤 13 分鐘（喜歡熟一點的話，就烤 15 分鐘）。麵包出爐後放網架上待涼，放涼後即完成。

ⓒ

ⓓ

CHIPPRUSON 的
# 山形白土司

基礎麵團 ③
山形白土司

# 山形白土司

只要開啟麵包製作旅程的人，都會嚮往試做一次的山形白土司。這道配方正是能發揮天然酵母之本領，做出帶有令人陶醉的豐富香味，口感柔軟像要在口中化開的山形白土司。只要有美味的奶油與果醬，這樣就很幸福。能讓愛賴床的人早起的滋味。

## 材料（份量為 1 個土司烤模）

**A** 發酵種（參照 P.80 ～ 83）……80g
牛奶……90g
水……110g
蜂蜜……5g

高筋麵粉……240g ＋適量（手粉用）
黍砂糖……10g
鹽 ……5.5g
無鹽奶油……15g
沙拉油……適量
（用於塗抹於土司烤模、食物保存容器）

## 前置準備工作

· 在土司烤模中加入幾滴沙拉油，用廚房紙巾塗一層薄薄的油佈滿容器內側。
· 在食物保存容器中加入幾滴沙拉油，用廚房紙巾塗一層薄薄的油佈滿容器內側。
· 奶油切成 1cm 的方形骰子狀，放入冰箱冷藏備用。

## 製作流程、所需時間

| 攪拌 | 放置（活化酵母菌） | 摺疊 | 冷藏（一次發酵） | 放置（活化酵母菌） | 手指測試 |
|---|---|---|---|---|---|
| 7分＋6分 | 約1小時<br>25～30℃ | | 8小時～<br>冰箱 | 2～5小時<br>25～30℃ | |

| 分割 | 放置（靜置休息） | 整型 | 放置（二次發酵） | 烤焙 | |
|---|---|---|---|---|---|
| | 30分～1小時<br>25～30℃ | | 1小時半～2小時半<br>25～30℃ | 過熱水蒸氣設定<br>10分<br>220℃ | 普通設定<br>＋ 20分<br>220℃ |

### 攪拌

**①**
開始揉麵前，先將【A】材料加入較小的攪拌盆中，用手指一邊輕輕揉開發酵種，一邊與水混合均勻，軟化備用。有一些小結塊無妨。

**②**
家用製麵包機容器裝上麵包用的攪拌葉片，依序放入步驟①的材料、高筋麵粉、黍砂糖、鹽。按下開始鍵，攪拌麵團 7 分鐘後，按下暫停鍵，加入切成骰子狀的奶油，繼續攪拌 6 分鐘。

### 放置（活化酵母菌）

**③**
從麵包容器中輕柔地取出麵團，移入已塗油的食物保存容器內。在食物保存容器上蓋上蓋子，在 25 ～ 30 度的環境下放置 1 小時左右（無法準備指定的溫度環境時，請參照 P.10 的 CHIP'S MEMO）。

※ 黏在容器及攪拌葉片上的麵團，也要用橡皮刮刀輕輕刮除乾淨，全量用完。

## 摺疊→ 冷藏（一次發酵）→ 放置（活化酵母菌）

**④** 用濾茶網在工作台上篩上一層薄薄的高筋麵粉。將裝有麵團的食物保存容器倒扣，採自由落體方式取出麵團。參考 P.85 的方法進行摺疊，將麵團收口朝下，再次放入食物保存容器中。為了觀察這個階段的麵團高度，用紙膠帶等工具做上記號。再次蓋上蓋子放進冰箱冷藏，進行一次發酵一個晚上（最少 8 小時。這個狀態的麵團最長可存放 36 小時）。從冰箱取出，蓋子保持輕蓋的狀態讓空氣可以進入容器，再次在 25 ～ 30 度的環境下放置 2 ～ 5 小時。以記號為基準，待其膨脹至大約原本 3 倍的高度。

※ 由於會造成麵團損傷，如無必要請盡量避免接觸（尤其是側面）。

※ 在第二次的放置階段，為了補充氧氣使酵母活性提升，請勿將容器完全密封。

## 手指測試

**⑤** 檢測麵團的發酵情形。用濾茶網篩上一層薄薄的高筋麵粉，以食指從麵團中央往下戳到底。若麵團慢慢回復原狀，洞底稍有回縮就 OK 了。

※ 這時要記得以濾茶網篩上高筋麵粉的那一面，就是麵包的表面。

## 摺疊

**⑥** 用濾茶網在工作台上篩上一層薄薄的高筋麵粉。將裝有麵團的食物保存容器倒扣，採自由落體方式取出麵團。參考 P.85 的方法將麵團再次摺疊。

## 放置（靜置休息）

**⑦** 在烤盤中鋪上烘焙紙，用濾茶網篩上一層薄薄的高筋麵粉，麵團收口朝下放在烤盤上。在 25 ～ 30 度的環境下放置 30 分鐘～ 1 小時。

**⑧** 麵團膨脹大上一圈後，開始著手下一個作業。

## 整型

**⑨** 麵團表面朝上放在工作台上，用濾茶網在麵團表面撒上一層薄薄的高筋麵粉。輕輕滾動擀麵棍，以將麵團內的大氣泡（氣體）分解成小氣泡的方式，擀成厚薄均一，厚度為原來一半的厚度。

**⑩** 用刮板輔助，輕柔地把麵團從工作台上掀起翻面。

⑪ 將麵團上端 1/3 處往下摺，邊緣輕輕貼合麵團。

⑫ 將麵團轉向 180 度後，再次從麵團上端 1/3 處往下摺，邊緣輕輕貼合麵團（注意不要與步驟⑪的邊緣重疊）。

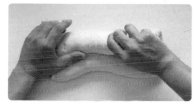

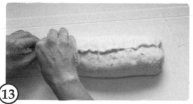

⑬ 把邊緣接合部分放在內側捲成棒狀，用手指捏緊收口。

⑭ 收口處朝下擺好，以雙手整理麵團的形狀。輕輕放入抹油的土司烤模中，放進烤盤。

## 放置（二次發酵）→ 烘烤

⑮ 在 25～30 度的環境下放置 1 小時半～2 小時半，使麵團進行二次發酵。待麵團膨脹高度超出模具高度 1/3，用手觸摸確認表面呈現膨鬆軟彈後，以過熱水蒸氣設定將烤箱預熱到 220 度。完成預熱後，將烤盤送進烤箱烤 10 分鐘。之後切換到普通烤焙模式的 220 度，繼續烤 20 分鐘。

⑯ 烤完後，將土司連同烤盤從烤箱中取出。戴著隔熱手套拿起土司烤模，從距離桌面 10cm 的高度，朝鋪有抹布的桌面落下，以排出蒸氣（藉由這項作業防止山形白土司側邊凹陷）。馬上取出麵包放在網架上，放涼後就完成了。

**CHIP'S MEMO**

操作熟練之後，請試著將全部的高筋麵粉換成北香高筋麵粉 90g ＋香麥 150g 來製作。如此一來，就能做出口感更好的山形白土司。土司從烤箱取出後，別忘了步驟⑯這道作業程序，藉由排出蒸氣防止土司側邊凹陷。

CHIPPRUSON 的
## 山形葡萄土司

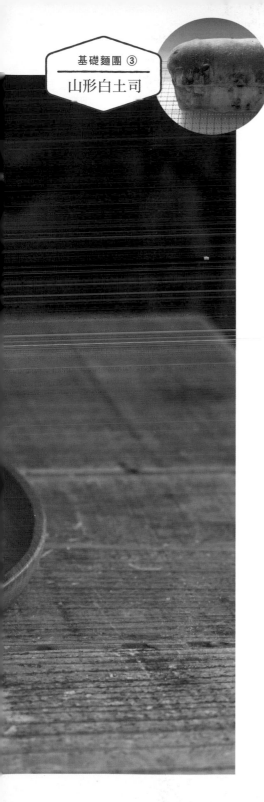

山形葡萄土司讓人想起懷念的營養午餐。然而，這道食譜走的卻是正統做法。葡萄乾酵母的香味與葡萄乾的甜酸味，達到相輔相成的加乘效果，打造出令人每天都想烤上一個的深層美味麵團。用熱水細心泡軟的葡萄乾，一口咬下噴汁的瞬間令人欲罷不能。

## 材料（份量為 1 個土司烤模）

A 發酵種（參照 P.80 ～ 83）……80g
牛奶……90g
水……110g
蜂蜜……5g

高筋麵粉……240g
　　＋適量（手粉用）
黍砂糖……10g
鹽……5.5g
無鹽奶油……15g
葡萄乾……60g
沙拉油……適量
（用於塗抹於土司烤模、食物保存容器）

## 前置準備工作

· 在土司烤模中加入幾滴沙拉油，用廚房紙巾塗一層薄薄的油佈滿容器內側。
· 在食物保存容器中加入幾滴沙拉油，用廚房紙巾塗一層薄薄的油佈滿容器內側。
· 奶油切成 1cm 的方形骰子狀，放入冰箱冷藏備用。
· 葡萄乾用熱水快速燙過後，用濾網撈起瀝乾水分，移入較小的攪拌盆中，淋上 2 小匙的熱水（份量外），放涼備用。

① 進行 P.29 的步驟①～②。

② 從麵包容器中輕柔地取出麵團，不用撒手粉，直接放在工作台上。將撈起放在濾網上瀝乾水分的葡萄乾，全部鋪在麵團上，儘量避免將葡萄乾擠爛，以刮刀縱切成兩半疊放（ a ）。將麵團轉向 90 度，再次縱切成兩半後疊放（ b ）。重複 1 ～ 2 次直到果乾佈滿麵團（ c ）。將麵團移入已抹油的食物保存容器。在 25 ～ 30 度的環境下放置 1 小時左右（無法準備指定的溫度環境時，請參照 P.10 的 CHIP'S MEMO）。

※ 黏在容器及攪拌葉片上的麵團，也要用橡皮刮刀輕輕刮除乾淨，全量用完。
※ 混合材料時，工作台上不用撒手粉。

③ 進行 P.30 ～ P.31 的步驟④～⑯（圖為二次發酵後）。

CHIPPRUSON 的

# 鹽麵包

# 山形白土司

讓人切身感受到葡萄乾酵母與小麥粉以及牛奶是
很搭的組合,充滿鮮味與甜味的簡樸麵包。口感
鬆軟又有彈性,讓人一吃就停不了來。多烤一些
裝在籃子裡,感覺也很棒。在麵包表面做裝飾時,
務必使用帶有甜味的岩鹽。

## 材料(份量 6 個)

A 發酵種(參照 P.80 ～ 83)……60g

　牛奶……60g

　水……80g

　蜂蜜……3g

高筋麵粉……170g ＋適量(手粉用、裝飾用)

黍砂糖……7g

鹽……4g

無鹽奶油……10g

橄欖油……適量(裝飾用)

岩鹽……適量

沙拉油……適量(用於塗抹於食物保存容器)

## 前置準備工作

‧ 在食物保存容器中加入幾滴沙拉油,用廚房紙巾塗一層
　薄薄的油佈滿容器內側。

‧ 奶油切成 1cm 的方形骰子狀,放入冰箱冷藏備用。

（1）進行 P.29 ～ P.30 的步驟①～⑤。

## 分割、摺疊

（2）用濾茶網在工作台上篩上一層薄薄的高筋麵粉。將裝有麵
團的食物保存容器倒扣，採自由落體方式取出麵團。

※ 由於會造成麵團損傷，如無必要請盡量避免接觸（尤其是側面）。

（3）將麵團翻面，以刮板平均分割成 6 等份（1 個約 64g）。

（4）分割好的麵團參考 P.84 的方法進行摺疊，在烤盤中鋪上
烘焙紙，用濾茶網篩上一層薄薄的高筋麵粉，麵團收口朝
下放在烤盤上。其餘 5 個也以相同方式操作。

## 放置（靜置休息）

（5）在 25 ～ 30 度的環境下放置 30 分鐘～ 1 小時。

## 整型

（6）麵團表面朝上放在工作台上，用濾茶網在麵團表面撒上一
層薄薄的高筋麵粉。用手掌輕輕按壓麵團周圍，壓成原來
2 倍大的半球狀，排出空氣。

（7）參考 P.86 進行整型，整型好的麵團收口朝下，再次放在
鋪有烘焙紙的烤盤上。其餘 5 個也以相同方式操作。

## 放置（二次發酵）

（8）在 25 ～ 30 度的環境下放置 1 ～ 2 小時，使麵團進行二次
發酵。待麵團膨脹大上一圈，用手觸摸確認表面膨鬆軟彈
就 OK 了。

## 烤焙

（9）將烤箱預熱到 230 度。完成預熱後，用濾茶網在麵團表面
撒上一層薄薄的高筋麵粉，用割紋刀在麵團頂部劃一道約
5mm 深的切口（a）。將毛刷塞入切口塗上橄欖油（b），
同樣在切口撒上岩鹽（c）。將烤盤送進烤箱烤 10 分鐘。
麵包出爐後放網架上待涼，放涼後即完成。

CHIPPRUSON 的

布里歐修麵團
肉桂捲

# 布里歐修麵團 肉桂捲

基礎麵團 ④
布里歐修

本食譜是為了嘆氣做不出「海鷗食堂」電影中的肉桂捲那些朋友所編成。布里歐修麵團材料多，用天然酵母烤焙既費時又費工，然而肉桂捲端出烤箱的美妙香氣，能讓一切的辛苦在瞬間消失無蹤。

## 材料（份量 5 個＋兩端剩餘的麵團）

**【布里歐修麵團】**

A 發酵種（參照 P.80 ～ 83）……60g
　牛奶……35g

雞蛋……60g（1 個中型蛋多一點）
高筋麵粉……130g ＋適量（手粉用）
黍砂糖……25g
鹽……3g
無鹽奶油……50g
沙拉油……
　　適量（用於塗抹於食物保存容器）

**【餅乾麵團】**

無鹽奶油……30g
黍砂糖……35g
雞蛋……40g（略少於 1 個中型蛋）
低筋麵粉……80g
杏仁粉……10g
泡打粉（無鋁配方）……1g

杏仁果切片……5g
裝飾用的雞蛋液……適量

**【黑糖核桃肉桂粉】**

※下述為容易製作的份量。使用當中的 40g。

核桃……30g
黑糖（粉末）……40g
肉桂（粉末）……2g

## 前置準備工作

· 在食物保存容器中加入幾滴沙拉油，用廚房紙巾塗一層薄薄的油佈滿容器內側。
· 雞蛋放至室溫，盛入較小的攪拌盆打散備用。
· 奶油切成 1cm 的方形骰子狀，放入冰箱冷藏備用。
· 將黑糖核桃肉桂粉的材料放進食物調理機中打成粉末狀，秤好 40g 備用。

## 布里歐修麵團製作

**攪拌**

① 開始揉麵前，先將【A】材料加入較小的攪拌盆中，用手指一邊輕輕揉開發酵種，一邊與水混合均勻，軟化備用。有一些小結塊無妨。

② 家用製麵包機容器裝上麵包用的攪拌葉片，依序放入步驟①的材料、打散的雞蛋液、高筋麵粉、黍砂糖、鹽。按下開始鍵，攪拌麵團 8 分鐘後，按下暫停鍵，加入切成骰子狀的冷奶油，繼續攪拌 7 分鐘。

## 放置（活化酵母菌）→ 冷藏（一次發酵）→放置（活化酵母菌）

③ 從麵包容器中輕柔地取出麵團，移入已抹油的食物保存容器內。在食物保存容器上蓋上蓋子，在 25 ～ 30 度的環境下放置 1 ～ 2 小時（無法準備指定的溫度環境時，請參照 P.10 的 CHIP'S MEMO）。為了觀察這個階段的麵團高度，用紙膠帶等工具

做上記號。蓋上蓋子放進冰箱冷藏，進行一次發酵一個晚上（最少 8 小時。這個狀態的麵團最長可存放 36 小時）。從冰箱取出，蓋子保持輕蓋的狀態讓空氣可以進入容器，再次在 25 ～ 30 度的環境下放置 3 ～ 6 小時。以之前做的記號為基準，待其膨脹至約 2 倍大。參考右頁的餅乾麵團製作，放進冰箱冷藏備用。

※ 黏在容器及攪拌葉片上的麵團，也要用橡皮刮刀輕輕刮除乾淨，全量用完。
※ 在第二次的放置階段，為了補充氧氣使酵母活性提升，請勿將容器完全密封。

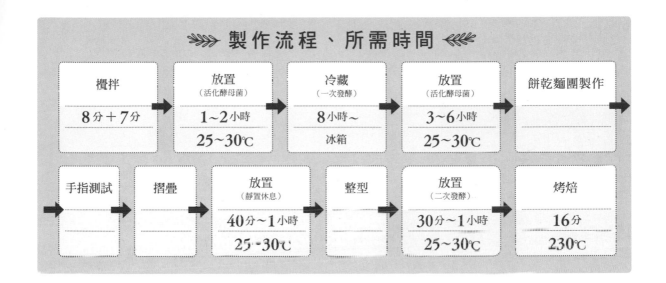

## 製作流程、所需時間

| 攪拌 | 放置<br>(活化酵母菌) | 冷藏<br>(一次發酵) | 放置<br>(活化酵母菌) | 餅乾麵團製作 |
|---|---|---|---|---|
| 8分＋7分 | 1～2小時<br>25～30℃ | 8小時～<br>冰箱 | 3～6小時<br>25～30℃ | |

| 手指測試 | 摺疊 | 放置<br>(靜置休息) | 整型 | 放置<br>(二次發酵) | 烤焙 |
|---|---|---|---|---|---|
| | | 40分～1小時<br>25～30℃ | | 30分～1小時<br>25～30℃ | 16分<br>230℃ |

---

**手指測試**

④

檢測麵團的發酵情形。用濾茶網篩上一層薄薄的高筋麵粉，以食指從麵團中央往下戳到底。若麵團慢慢回復原狀，洞底稍有回縮就 OK 了。

※ 這時要記得以濾茶網篩上高筋麵粉的那一面，就是麵包的表面。

**摺疊**

⑤

用濾茶網在工作台上篩上一層薄薄的高筋麵粉。將裝有麵團的食物保存容器倒扣，採自由落體方式取出麵團。

⑥

麵團參考 P.85 的方法進行摺疊

※ 由於會造成麵團損傷，如無必要請盡量避免接觸（尤其是側面）。

---

**放置**（靜置休息）

⑦

將麵團收口朝下，放在鋪有烘焙紙的烤盤中，用濾茶網篩上一層薄薄的高筋麵粉。在 25 ～ 30 度的環境下放置 40 分鐘～ 1 小時。

**餅乾麵團製作**

**前置準備工作**

・將奶油放入攪拌盆，放在室溫下回軟備用。

・雞蛋放至室溫，盛入較小的攪拌盆用打蛋器打散備用。

・將低筋麵粉和泡打粉一起過篩備用。

①用打蛋器將奶油攪打至奶泡狀。②分 2 ～ 3 次加入黍砂糖，攪打至乳霜狀。③將打散的雞蛋液分 3 次加入，每次加入都要攪拌均勻。④加入混合過篩的低筋麵粉及泡打粉的 1/3、杏仁粉全量，用橡皮刮刀以切拌方式迅速拌勻。⑤加入剩餘的低筋麵粉及泡打粉混合，拌至無粉粒狀，用手整成一團，再用保鮮膜包好，置於冰箱冷藏至少 1 小時。

⑧ 用濾茶網在工作台上篩上一層薄薄的高筋麵粉，將布里歐修麵團表面朝上放在工作台上，用手在擀麵棍上撒些高筋麵粉，將麵團擀開成 B5 大小。接著把冷藏的餅乾麵團擀開，擀成比布里歐修麵團小一圈的大小。

⑨ 將布里歐修麵團翻面，擀成橫向的長方形，上端預留 5mm 空白部分，將餅乾麵團放在上面。

⑩ 於麵團表面撒上黑糖核桃肉桂粉，用手將表面抹平整。

⑪ 從靠近身體方向將麵團往前捲，用手指把末端接合處及兩側捏緊封好。

⑫ 收口處朝下擺好，用濾茶網在麵團表面篩上一層薄薄的高筋麵粉。

⑬ 如圖所示，用切麵刀輕輕劃線後，切成五等份的梯形。麵團兩端切下來的剩餘部分也留著。

⑭ 將梯形麵團放在手心上，以刮板壓出垂直線條，其餘 4 個也以相同方式操作。

※ 麵團容易黏在刮板上，可視情形沾取一些高筋麵粉。

## CHIP'S MEMO

做熟練之後，請務必嘗試以下的配方，打造出濃郁度提升的終極味道。①將材料中的牛奶量增加 5g。②將餅乾麵團中的低筋麵粉全量換成低筋麵粉 60g ＋全麥低筋麵粉 15g，杏仁粉換成整顆生杏仁果磨成的碎末。

⑮ 在烤盤上鋪上烘焙紙，麵團有線條那面朝上放置（兩端切下來的剩餘部分不需揉，用手整成一團狀後也放入烤盤）。在 25～30 度的環境下放置 30 分鐘～ 1 小時，使麵團進行二次發酵。待麵團膨脹大上一圈，用手觸摸確認表面膨鬆軟彈就 OK 了。

⑯ 將烤箱預熱到 230 度。完成預熱後，用毛刷在整個麵團表面塗上裝飾用的雞蛋液，撒上杏仁切片，將烤盤送進烤箱烤 16 分鐘。麵包出爐後放網架上待涼，放涼後即完成。

CHIPPRUSON 的
# 奶油麵包

# 奶油麵包

風味十足的布里歐修麵團，搭配將香草及萊姆酒的美味發揮到
極緻的卡士達奶油，就是一款好吃到讓人受不了，如泡芙般滋
味的奶油麵包。由於在卡士達醬裡加入豆腐，因而增添了幾分
和風趣味。與裝飾用的和三盆糖味道很搭。

基礎麵團 ④
布里歐修

## 材料（份量 6 個）

A 發酵種（參照 P.80～83）……60g
　牛奶……35g

鹽……3 g
無鹽奶油……50 g
沙拉油……適量（用於塗抹於食
　物保存容器）

雞蛋……60g（1 個中型蛋多一點）
高筋麵粉……130g ＋適量（手粉用）
黍砂糖……25g

加入豆腐的卡士達醬……
　P.69 完成的全量
和三盆糖……10g

## 前置準備工作

· 在食物保存容器中加入幾滴沙拉油，用廚
　房紙巾塗一層薄薄的油佈滿容器內側。
· 雞蛋放至室溫，盛入較小的攪拌盆打散備
　用。
· 奶油切成 1cm 的方形骰子狀，放入冰箱
　冷藏備用。
· 將加入豆腐的卡士達醬裝入含花嘴的擠花
　袋中，置於冰箱冷藏備用。

① 進行 P.38～39 的步驟①～④。

### 分割、摺疊

② 用濾茶網在工作台上篩上一層薄薄的高筋麵粉。將裝有麵
　團的食物保存容器倒扣，採自由落體方式取出麵團。
　※ 由於會造成麵團損傷，如無必要請盡量避免接觸（尤其是側
　面）。

③ 將麵團翻面，以刮板平均分割成 6 等份（1 個約 60g）。

④ 分割好的麵團參考 P.84 的方法進行摺疊，在烤盤中鋪上
　烘焙紙，用濾茶網篩上一層薄薄的高筋麵粉，麵團收口朝
　下放在烤盤上。其餘 5 個也以相同方式操作。

### 放置（靜置休息）

⑤ 在 25～30 度的環境下放置 40 分鐘～1 小時。

### 整型

⑥ 麵團表面朝上放在工作台上，用濾茶網在麵團表面撒上一
　層薄薄的高筋麵粉。用手掌輕輕按壓麵團周圍，壓成原來
　2 倍大的半球狀，排出空氣。

⑦ 參考 P.86 進行整型，整型好的麵團收口朝下，再次放在
　鋪有烘焙紙的烤盤上。其餘 5 個也以相同方式操作。

### 放置（二次發酵）

⑧ 在 25～30 度的環境下放置 1～2 小時，使麵團進行二
　次發酵。待麵團膨脹大上一圈，用手觸摸確認表面膨鬆軟
　彈就 OK 了。

### 烤焙

⑨ 將烤箱預熱到 230 度。完成預熱後，將烤盤送進烤箱烤 8
　分鐘。麵包出爐後放網架上待涼。

### 裝飾

⑩ 麵包放涼後，以麵包
　刀在表面中央割出一
　道 3/4 深的裂縫。將
　事先填入加有豆腐的
　卡士達醬擠花袋從冰
　箱取出。從切口前端朝靠近身體方向擠。擠花袋慢慢往上
　提升，重複疊上 4 至 5 層直到填滿奶油。最後從上方用
　濾茶網撒上和三盆糖就完成了。

CHIPPRUSON 的
蛋黃麵包

# 蛋黃麵包

基礎麵團 ④
布里歐修

蛋黃麵包源自於西班語中的「Yema」，意思就是「蛋黃的麵包」，是一款香味濃郁的麵包。名字雖然叫蛋黃麵包，卻不知不覺就將全蛋用完的一道食譜。香氣十足的表皮，以及充滿蛋黃風味的麵包體，感覺就像長崎蛋糕。不管是塗上奶油起司或果醬，還是夾火腿蔬菜做成三明治，都很美味。

## 材料（份量 2 個）

A　發酵種（參照 P.80 ～ 83）……60g
　　牛奶……35g

雞蛋……60g（1 個中型蛋多一點）
高筋麵粉……130g ＋適量（手粉用）
黍砂糖……25g

鹽……3g
無鹽奶油……50g
沙拉油……適量（用於塗抹於食物保存容器）

打散的雞蛋液……適量

## 前置準備工作

· 在食物保存容器中加入幾滴沙拉油，用廚房紙巾塗一層薄薄的油佈滿容器內側。
· 雞蛋放至室溫，盛入較小的攪拌盆打散備用。
· 奶油切成 1cm 的方形骰子狀，置於冰箱冷藏備用。

① 進行 P.38 ～ 39 的步驟①～④。

### 分割、摺疊

② 用濾茶網在工作台上篩上一層薄薄的高筋麵粉。將裝有麵團的食物保存容器倒扣，採自由落體方式取出麵團。
※ 由於會造成麵團損傷，如無必要請盡量避免接觸（尤其是側面）。

③ 將麵團翻面，以刮板平均分割成 2 等份（1 個約 180g）。

④ 分割好的麵團參考 P.85 的方法進行摺疊，在烤盤中鋪上烘焙紙，用濾茶網篩上一層薄薄的高筋麵粉，麵團收口朝下放在烤盤上。其餘 1 個也以相同方式操作。

### 放置（靜置休息）

⑤ 在 25 ～ 30 度的環境下放置 40 分鐘～ 1 小時。

### 整型

⑥ 麵團表面朝上放在工作台上，用濾茶網在麵團表面撒上一層薄薄的高筋麵粉。用手掌輕輕按壓麵團周圍，壓成原來 2 倍大的半球狀，排出空氣。

⑦ 參考 P.87 進行整型，整型好的麵團收口朝下，再次放在鋪有烘焙紙的烤盤上。其餘 1 個也以相同方式操作。

⑧ 參考圖片，以割紋刀在表面劃出裝飾花紋。

### 放置（二次發酵）

⑨ 在 25 ～ 30 度的環境下放置 1 小時～ 2 小時半，使麵團進行二次發酵。待麵團膨脹大上一圈，用手觸摸確認表面膨鬆軟彈就 OK 了。

### 烤焙

⑩ 將烤箱預熱到 230 度。完成預熱後，用毛刷在整個麵團表面塗上打散的雞蛋液，將烤盤送進烤箱烤 18 分鐘。麵包出爐後放網架上待涼，放涼後即完成。

CHIPPRUSON 的
# 菠蘿麵包

# 菠蘿麵包

基礎麵團 ④
布里歐修

在柔軟的布里歐修麵團上方，鋪上口感酥脆的餅乾麵團，烘焙出一款具有 CHIPPRUSON 風格的菠蘿麵包。嘗試在餅乾麵團中加入香氣十足的杏仁粉，創造出一道別具味道的食譜。簡單樸素，絕對美味的自信之作。

## 材料（份量 6 個）

A 發酵種（參照 P.80 ～ 83）……60g
牛奶……35g

【布里歐修麵團】
雞蛋……60g（1 個中型蛋多一點）
高筋麵粉……130g ＋適量（手粉用）
黍砂糖……25g
鹽……3g
無鹽奶油……50g
沙拉油……適量（用於塗抹於食物保存容器）

【餅乾麵團】
無鹽奶油……30g
黍砂糖……35g
雞蛋……40g（略少於 1 個中型蛋）
低筋麵粉……80g
杏仁粉……10g
泡打粉（無鋁配方）……1g

甜菜根糖……15 g

## 前置準備工作

· 在食物保存容器中加入幾滴沙拉油，用廚房紙巾塗一層薄薄的油佈滿容器內側。
· 雞蛋放至室溫，盛入較小的攪拌盆打散備用。
· 奶油切成 1cm 的方形骰子狀，置於冰箱冷藏備用。

## 布里歐修麵團製作

① 進行 P.38 ～ 39 的步驟①～④。

## 分割、摺疊

② 用濾茶網在工作台上篩上一層薄薄的高筋麵粉。將裝有麵團的食物保存容器倒扣，採自由落體方式取出麵團。
※ 由於會造成麵團損傷，如無必要請盡量避免接觸（尤其是側面）。

③ 將麵團翻面，以刮板平均分割成 6 等份（1 個約 60g）。

④ 分割好的麵團參考 P.84 的方法進行摺疊，在烤盤中鋪上烘焙紙，用濾茶網篩上一層薄薄的高筋麵粉，麵團收口朝下放在烤盤上。其餘 5 個也以相同方式操作。

## 放置（靜置休息）

⑤ 在 25 ～ 30 度的環境下放置 40 分鐘～ 1 小時。

## 餅乾麵團製作

⑥ 參考 P.39 製作餅乾麵團，放入冰箱最少冷藏 1 小時。

## 整型

⑦ 從冰箱取出餅乾麵團，分成 6 等份（1 個約 30g）後滾圓，置於室溫備用。

8 　麵團表面朝上放在工作台上，用濾茶網在麵團表面撒上一層薄薄的高筋麵粉。用手掌輕輕按壓麵團周圍，壓成原來2倍大的半球狀，排出空氣。

9 　參考 P.86 進行整型，整型好的麵團收口朝下，再次放在鋪有烘焙紙的烤盤上。其餘 5 個也以相同方式操作。

10 　將餅乾麵團移至工作台上。從上方用手掌輕輕壓扁，用手在擀麵棍上撒些高筋麵粉，擀成直徑約 10cm 的圓形。其餘 5 個也以相同方式操作。

11 　使用刮板輔助，將麵團從工作台上鏟起，鋪在布里歐修麵團上，以手掌輕柔包覆的方式使兩者融合（ a ）。用刮板壓線，劃出交錯的菱形格子狀（ b ）。將甜菜糖放入攪拌盆中，如圖片（ c ）讓表面裹上糖粒，用手掌輕輕按壓。其餘 5 個也以相同方式操作，盡量將麵團間隔開來排入烤盤中（ d ）。

放置（二次發酵）

12 　在 25 ～ 30 度的環境下放置 40 分～ 1 小時半，使麵團進行二次發酵。待麵團膨脹大上一圈，用手觸摸確認表面膨鬆軟彈就 OK 了。

烤焙

13 　將烤箱預熱到 220 度。完成預熱後，將烤盤送進烤箱烤13 分鐘。麵包出爐後放網架上待涼，放涼後即完成。

# 適合中高級者的

# 貝果 &
# 卡帕尼

我希望讓讀者知道即使是家用廚房和烤箱，

也能做出這般等級的麵包，

因此將店裡貝果和卡帕尼的製作方法重新編寫，

徹底打造成家用食譜。

雖然難度提高，卻很值得挑戰。

麵包出爐時，應該會感覺自己儼然是個麵包職人。

CHIPPRUSON 的
# 原味貝果

基礎麵團 ⑤
貝果

猶太人的傳統食物經由美國人遍佈到世界各地，成為家喻戶曉的無油食物——貝果。原本是未經一次發酵烤焙而成的速成麵包，經過低溫長時間發酵後，做成彈性又有嚼勁的麵團。蜂蜜可以使貝果保持口感濕潤。

## 材料（份量 4 個）

A 發酵種（參照 P.80～83）……80g
原味豆漿……25g
水……95g
蜂蜜……5g

高筋麵粉……160g ＋適量（手粉用）
石臼麵粉（屬於高筋麵粉）……50g
黍砂糖……5g
鹽……5g

沙拉油……適量（用於塗抹於食物保存容器）
黑糖（粉末）……1 大匙少一點（上色用）

## 前置準備工作

· 在食物保存容器中加入幾滴沙拉油，用廚房紙巾塗一層薄薄的油佈滿容器內側。
· 雞蛋放至室溫，盛入較小的攪拌盆打散備用。
· 奶油切成 1cm 的方形骰子狀，置於冰箱冷藏備用。

### CHIP'S MEMO

將高筋麵粉＋石臼麵粉全量換成高筋麵粉也能製作，不過加入少許的石臼麵粉，除了風味較好之外，還能呈現漂亮的烤色，因此儘可能不要缺少。取代糖蜜的黑糖也是烘焙上色的必要材料。

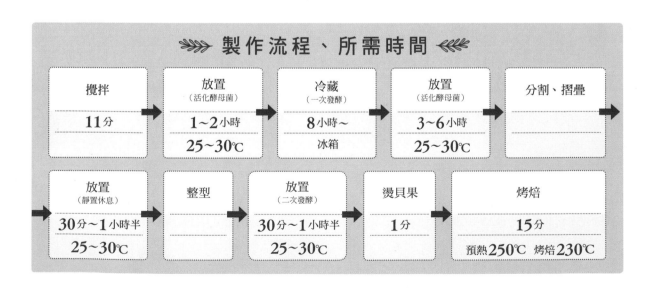

## ≫≫ 製作流程、所需時間 ≪≪

| 攪拌 | 放置（活化酵母菌） | 冷藏（一次發酵） | 放置（活化酵母菌） | 分割、摺疊 |
|---|---|---|---|---|
| 11分 | 1～2小時 25～30℃ | 8小時～ 冰箱 | 3～6小時 25～30℃ | |

| 放置（靜置休息） | 整型 | 放置（二次發酵） | 燙貝果 | 烤焙 |
|---|---|---|---|---|
| 30分～1小時半 25～30℃ | | 30分～1小時半 25～30℃ | 1分 | 15分 預熱250℃ 烤焙230℃ |

## 攪拌

**①**

開始揉麵前，先將【A】材料加入較小的攪拌盆中，用手指一邊輕輕揉開發酵種，一邊與水混合均勻，軟化備用。有一些小結塊無妨。家用製麵包機容器裝上麵包用的攪拌葉片，依序放入【A】材料、混合好的高筋麵粉及石臼麵粉、黍砂糖、鹽。按下開始鍵，攪拌麵團 11 分鐘。

## 放置（活化酵母菌）

**②**

從麵包容器中輕柔地取出麵團，移入已抹油的食物保存容器內。在食物保存容器上蓋上蓋子，在 25～30 度的環境下放置 1～2 小時（無法準備指定的溫度環境時，請參照 P.10 的 CHIP'S MEMO）。

※ 黏在容器及攪拌葉片上的麵團，也要用橡皮刮刀輕輕刮除乾淨，全量用完。

## 冷藏（一次發酵）→ 放置（活化酵母菌）

**③**

為了觀察這個階段的麵團高度，用紙膠帶等工具做上記號。蓋上蓋子放進冰箱冷藏，進行一次發酵一個晚上（最少 8 小時。這個狀態的麵團最長可存放 36 小時）。從冰箱取出，蓋子保持輕蓋的狀態讓空氣可以進入容器，再次在 25～30 度的環境下放置 3～6 小時。以前面做的記號為基準，待其膨脹至大約原本 1.5 倍的高度。用濾茶網篩上一層薄薄的高筋麵粉，以食指從麵團中央往下戳到底檢測麵團的發酵情形。若麵團慢慢回復原狀，洞底稍有回縮就 OK 了。

※ 在第二次的放置階段，為了補充氧氣使酵母活性提升，請勿將容器完全密封。

## 分割、摺疊

**④**

用濾茶網在工作台上篩上一層薄薄的高筋麵粉。將裝有麵團的食物保存容器倒扣，採自由落體方式取出麵團。將麵團翻面，以刮板平均分割成 4 等份（1 個約 105g）。分割好的麵團參考 P.84 的方法進行摺疊，在烤盤中鋪上烘焙紙，麵團收口朝下放在烤盤上。其餘 3 個也以相同方式操作。

※ 由於會造成麵團損傷，如無必要請盡量避免接觸（尤其是側面）。

## 放置（靜置休息）

**⑤**

在 25～30 度的環境下放置 30 分鐘～1 小時半。

**⑥**

確認麵團是否膨脹大上一圈。

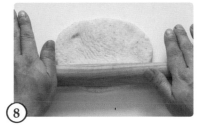

⑦

麵團表面朝上放在工作台上，麵團表面用濾茶網篩上一層薄薄的高筋麵粉。用手掌輕輕按壓麵團周圍，壓成原來 2 倍大的半球狀，排出空氣。

⑧

用手在擀麵棍上撒些高筋麵粉，將麵團擀成橢圓形。

⑨

將麵團翻面，由上往內捲三次，捲成細長的棒狀。

⑩

用手指捏緊收口。

⑪

收口朝下放成直的，以擀麵棍將前端擀平，擀延成 5cm 長片。

⑫

將麵團翻面，以棒狀的那端扭轉 2 ～ 3 次使麵團有彈性，兩端重疊圍成圓圈狀。

⑬

以擀平的那端包住棒狀的那端，用手指捏緊封好。

⑭

用手輕輕撫平收口部分。

⑮

在步驟⑥鋪了烘焙紙的烤盤的四個地方，用濾茶網篩上一層薄薄的高筋麵粉。將麵團末端收口處朝下放入烤盤中。

## 放置（二次發酵）

⑯

以擀平的那端包住棒狀的那端，用手指捏緊封好。

## 燙貝果 → 烘烤

⑰

在深鍋（如燉鍋）中注入 7 分滿的水，轉大火，煮沸後加入黑糖。這時烤箱先預熱至 250 度。將麵團的表面朝下，一個一個放入鍋中，每面各燙 30 秒。重新在烤盤上鋪上烘焙紙，以濾杓撈起，表面朝上排放在烤盤中。烤箱預熱至 250 度後，將溫度調整為 230 度，將烤盤送進烤箱烤 15 分鐘。麵包出爐後放網架上待涼，放涼後即完成。

※ 燙貝果時，在熱水中加入黑糖，能使貝果呈現漂亮的烤色。

CHIPPRUSON 的

# 雙倍巧克力貝果／顆粒玄米貝果

基礎麵團 ⑤

貝果

這裡要介紹大家的是我個人很喜歡的創意貝果。麵團和夾餡都加入巧克力的「雙倍巧克力貝果」，細細咀嚼時慢慢滲出的巧克力味道叫人受不了，是一款巧克力愛好者必吃的麵包。另外一款是「顆粒玄米貝果」，以穀類概念混合了焙煎玄米（用電鍋煮成），可以嚐到玄米的軟糯感及穀物的甜味，滋味就像剛煮熟的白飯。夾上炒牛蒡絲或肉丸子等配菜，就是味道也很搭的日式和風貝果。

## ◁ 雙倍巧克力貝果 ▷

### 材料（份量 4 個）

**A** 發酵種（參照 P.80～83）……80g ／ 高筋麵粉……160g ＋適量（手粉用） ／ 沙拉油……適量
（用於塗抹於食物保存容器）
原味豆漿……25g ／ 石臼麵粉（屬於高筋麵）……50g ／ 巧克力片……40g
水……95g ／ 黍砂糖……5g ／ 烘焙用巧克力（可可含量約 50% 的
蜂蜜……5g ／ 鹽……5g ／ 黑巧克力）……40g
黑糖（粉末）……1 大匙少一點（上色用）

### 前置準備工作

· 在食物保存容器中加入幾滴沙拉油，用廚房紙巾塗一層薄薄的油佈滿容器內側。
· 在攪拌盆內放入高筋麵粉 160 g 和石臼麵粉 50g，用打蛋器輕輕拌合。
· 烘焙用巧克力以刀子切成粗粒備用。

① 進行 P.52 的步驟①。

② 從麵包容器中輕柔地取出麵團，不用撒手粉，直接放在工作台上。將巧克力片全部鋪在麵團上，麵團以刮刀縱切成兩半後疊放。將麵團轉向 90 度，再次縱切成兩半後疊放。重複 1～2 次直到巧克力片佈滿麵團。將麵團移入抹油的食物保存容器，在 25～30 度的環境下放置 1～2 小時（無法準備指定的溫度環境時，請參照 P.10 的 CHIP'S MEMO）。

※ 黏在容器及攪拌葉片上的麵團，也要用橡皮刮刀輕輕刮除乾淨，全量用完。
※ 混合材料時，工作台上不用撒手粉。

③ 進行 P.52 的步驟③～⑥（分割後的重量 1 個約 115g）。

④ 進行 P.53 的步驟⑦⑧，在步驟①將麵團翻面後，將切成粗粒的烘焙用巧克力橫向排成一行，捲成棒狀，進行 P.53 的步驟⑩～⑰。

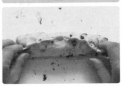

※ 包在麵團裡面的烘焙用巧克力會使表面凹凸不平，滾圓時小心不要把麵團表皮弄破。

## ◁ 顆粒玄米貝果 ▷

### 材料（份量 4 個）

**A** 發酵種（參照 P.80～83）……80g ／ 高筋麵粉……160g ＋適量（手粉用） ／ 沙拉油……適量
（用於塗抹於食物保存容器）
原味豆漿……25g ／ 石臼麵粉（屬於高筋麵）……50g ／ 用電鍋煮好的焙煎玄米（參照 P.68）
水……95g ／ 黍砂糖……5g ／ ……50g
蜂蜜……5g ／ 鹽……5g ／ 黑糖（粉末）……1 大匙少一點（上色用）

### 前置準備工作

· 在食物保存容器中加入幾滴沙拉油，用廚房紙巾塗一層薄薄的油佈滿容器內側。
· 在攪拌盆內放入高筋麵粉 160 g 和石臼麵粉 50g，用打蛋器輕輕拌合。

① 進行 P.52 的步驟①。

② 從麵包容器中輕柔地取出麵團，不用撒手粉，直接放在工作台上。將焙煎玄米全部鋪在麵團上，麵團以刮刀縱切成兩半後疊放。將麵團轉向 90 度，再次縱切成兩半後疊放。重複 1～2 次直到焙煎玄米佈滿麵團。將麵團移入已抹油的食物保存容器。在 25～30 度的環境下放置 1～2 小時（無法準備指定的溫度環境時，請參照 P.10 的 CHIP'S MEMO）。

※ 黏在容器及攪拌葉片上的麵團，也要用橡皮刮刀輕輕刮除乾淨，全量用完。
※ 混合材料時，工作台上不用撒手粉。

③ 進行 P.52～P.53 的步驟③～⑰（分割後的重量 1 個約 118g）。

CHIPPRUSON 的
# 鄉村麵包

基礎麵團 ⑥
卡帕尼

法語中的「鄉村麵包（campagne）」如名字所示，是內含豐富的多穀雜糧，保留純樸特色，多層次滋味的麵包。您或許會訝異於食譜中使用的麵粉多達 5 種，但這是我嘗試了各種配方才誕生出來的完美麵包，請務必努力找齊所有原料。

## 材料（份量為 1 個直徑 23cm 的鑄鐵鍋）

A ┃ 發酵種（參照 P.80～83）……100g
　┃ 水……180g
　┃ 黑糖（粉末）……1g

高筋麵粉……50g ＋適量
　（手粉用、發酵盆用、裝飾用）

中筋麵粉……110g

石臼麵粉（屬於高筋麵粉）……30g

全麥麵粉（屬於高筋麵粉）……30g

裸麥麵粉……30g ＋適量（發酵盆用、裝飾用）

岩鹽……6g

沙拉油……適量（用於塗抹於食物保存容器）

## 前置準備工作

· 在食物保存容器中加入幾滴沙拉油，用廚房紙巾塗一層薄薄的油佈滿容器內側。

· 在攪拌盆內放入高筋麵粉 50 g、中筋麵粉 110g、石臼麵粉／全麥麵粉／裸麥麵粉各 30g，用打蛋器輕輕拌合。

· 準備發酵盆用、裝飾用的粉。將高筋麵粉及裸麥麵粉以 1 比 1 的比例放入容器中，再以打蛋器輕輕拌合。

· 準備一個較小的攪拌盆，重石放入盆中約八分滿。由於烤焙麵包前要注入 1 大匙熱水（份量外），所以可先在保溫瓶中裝入熱水，保持熱水備用。

**CHIP'S MEMO**

最理想的情況是用 5 種粉類來進行製作，但假如很難取得，按照下述配方也能做出像樣的鄉村麵包。從①開始熟練也是一種做法。① 高筋麵粉 190g ＋全麥麵粉 60g ② 高筋麵粉 190g ＋全麥麵粉 30g ＋裸麥麵粉 30g

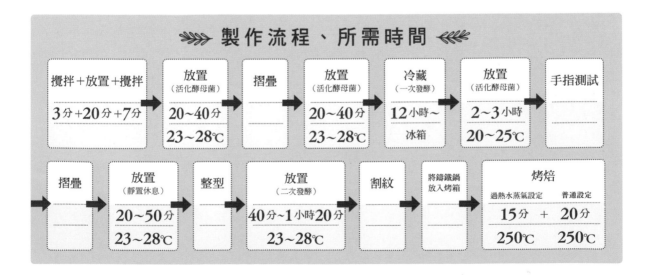

### 製作流程、所需時間

| 攪拌＋放置＋攪拌 | 放置（活化酵母菌） | 摺疊 | 放置（活化酵母菌） | 冷藏（一次發酵） | 放置（活化酵母菌） | 手指測試 |
|---|---|---|---|---|---|---|
| 3分+20分+7分 | 20～40分 23～28℃ | | 20～40分 23～28℃ | 12小時～ 冰箱 | 2～3小時 20～25℃ | |

| 摺疊 | 放置（靜置休息） | 整型 | 放置（二次發酵） | 割紋 | 將鑄鐵鍋放入烤箱 | 烤焙 | |
|---|---|---|---|---|---|---|---|
| | 20～50分 23～28℃ | | 40分～1小時20分 23～28℃ | | | 過熱水蒸氣設定 15分 250℃ | 普通設定 20分 250℃ |

**①**

開始揉麵前，先將【A】材料加入較小的攪拌盆中，用手指一邊輕輕揉開發酵種，一邊與水混合均勻，軟化備用。有一些小結塊無妨。

**②**

家用製麵包機容器裝上麵包用的攪拌葉片，放入步驟①的材料、預拌好的高筋麵粉／中筋麵粉／石臼麵粉／全麥麵粉／裸麥麵粉。按下開始鍵，攪拌麵團 3 分鐘後，按下暫停鍵，直接放置 20 分鐘。打開蓋子加入岩鹽，繼續攪拌 7 分鐘。

---

**放置**（活化酵母菌）

**③**

從麵包容器中輕柔地取出麵團，移入已抹油的食物保存容器內。在食物保存容器上蓋上蓋子，在 23 ～ 28 度的環境下放置 20 ～ 40 分鐘（無法準備指定的溫度環境時，請參照 P.10 的 CHIP'S MEMO）。

※ 黏在容器及攪拌葉片上的麵團，也要用橡皮刮刀輕輕刮除乾淨，全量用完。

**摺疊 → 放置**（活化酵母菌）**→ 冷藏**（一次發酵）**→ 放置**（活化酵母菌）

**④**

用濾茶網在工作台上篩上一層薄薄的高筋麵粉。將裝有麵團的食物保存容器倒扣，採自由落體方式取出麵團。雙手沾上少許麵粉，參考 P.85 的方法進行摺疊，將麵團收口朝下，放入食物保存容器中。再次蓋上蓋子，在 23 ～ 28 度的環境下放置 20 ～ 40 分鐘。為了觀察這個階段的麵團高度，用紙膠帶等工具做上記號。直接放入

冰箱冷藏，進行一次發酵一個晚上（最少 12 小時。這個狀態的麵團最長可存放 36 小時）。從冰箱取出，蓋子保持輕蓋的狀態讓空氣可以進入容器，在 20 ～ 25 度的環境下放置 2 ～ 3 小時。以記號為基準，待其膨脹至大約原本 2 倍的高度。

※ 硬麵包系的麵團容易起皺，因此請維持在用手摸起來覺得是冰涼的狀態下操作。夏天尤其要注意。

※ 在第二次的放置階段，為了補充氧氣使酵母活性提升，請勿將容器完全密封。

---

**手指測試**

**⑤**

檢測麵團的發酵情形。麵團表面用濾茶網篩上一層薄薄的高筋麵粉，以食指從麵團中央往下戳到底。若麵團慢慢回復原狀，洞底稍有回縮就 OK 了。

※ 這時要記得以濾茶網篩上高筋麵粉的那一面，就是麵包的表面。

**摺疊**

**⑥**

用濾茶網在工作台上篩上一層薄薄的高筋麵粉。將裝有麵團的食物保存容器倒扣，採自由落體方式取出麵團。參考 P.85 的方法再次摺疊，在烤盤中鋪上烘焙紙，用濾茶網篩上一層薄薄的高筋麵粉，麵團收口朝下放在烤盤上。

※ 由於會造成麵團損傷，如無必要請盡量避免接觸（尤其是側面）。

⑦ 在 23～28 度的環境下放置
20～50 分鐘。

⑧ 用濾茶網在工作台上篩上一
層薄薄的高筋麵粉，將麵團
連同烘焙紙一起翻面。

⑨ 翻面後噴霧水補充水分。用手掌輕輕按壓麵團周圍，壓成原來 2
倍大的半球狀，排出空氣。

※ 擀延成半球狀時，麵團表面可能出現大氣泡。這時不要勉強擠破，可以
往麵團邊緣壓出，或是用手分解成小氣泡後排出。

⑩ 將麵團翻面，由邊緣拉至麵團中央，與麵
團接合在一起。

⑪ 再由邊緣拉至麵團中央，與麵團接合在一
起。

⑫ 用手指確實壓緊，避免麵團中間的黏合處
扒開。

⑬ 麵團由上端向下對摺。

⑭ 用手指把麵團收口處捏緊。

⑮ 收口朝上，將麵團轉向 90 度（若收口處鬆
開，再次用手指捏緊）。

⑯ 由麵團上端向下對摺，用手指把麵團收口
處捏緊。

⑰ 收口朝下擺好，用雙手圍住麵團兩側，順時
針轉動 2～3 次，將麵團滾圓。

⑱ 將粗綿布（或麻布）鋪在發酵盆中，用濾
茶網篩上混合好的發酵盆用粉，麵團表面
朝下放入發酵盆中。

## 放置（二次發酵）

**⑲**

在 23～28 度的環境下放置 40 分鐘～1 小時 20 分鐘，使麵團進行二次發酵。在二次發酵完成前 10 分鐘開始預爐（烤盤放進烤箱→在烤箱的左側角落或右側角落〔有散熱風扇那側〕擺放放有重石的鋼盆→用過熱水蒸氣模式預熱至 250 度）。預熱完成後繼續放置 10 分鐘，使溫度確實蓄積於烤箱內部。利用蓄積溫度的 10 分鐘，為鑄鐵鍋加熱以及在麵團表面刻劃割紋（鑄鐵鍋轉中火預熱→麵團表面用濾茶網篩上一層薄薄的發酵盆用粉→將裁得比發酵盆大上一圈的烘焙紙和承板疊放在發酵盆上後翻面，承板留在工作台上，發酵盆連同棉布一起移除）。

## 割紋

**⑳** 麵團表面用濾茶網篩上混合好的裝飾用粉。

**㉑** 以利刀在內側劃入深紋，割劃出葉子的外緣。

**㉒** 接著劃出葉脈的紋路（割得比步驟㉑淺一些就會呈現漂亮的外觀）。

## 將鑄鐵鍋放入烤箱

**㉓** 手放在鍋子上方感覺是「燙手」的溫度（約 300 度）後，將承板連同麵團拿起，使烘焙紙連同麵團一起滑進鑄鐵鍋中。

## 烤焙

**㉔** 烤箱用過熱水蒸氣模式預熱至 250 度，打開烤箱門，在放有重石的鋼盆中注入 1 大匙熱水（注意高溫）。快速地將裝著麵團的鑄鐵鍋移入庫內（注意高溫）烤 15 分鐘。之後，切換到普通烤焙模式（250 度），繼續烤 20 分鐘。麵包出爐後放網架上待涼，放涼後即完成。

※ 加熱過的鑄鐵鍋溫度非常高，移入烤箱庫內時雙手請戴上 2～3 層的勞動用手套，並用隔熱手套拿住握柄。

CHIPPRUSON 的

白色無花果
腰果卡帕尼、

# 白色無花果腰果卡帕尼

由軟甜的白色無花果與味道濃郁的腰果，搭配而成的時尚口味。以麵包刀切成片狀時，欣賞無花果及腰果在切口的模樣，也別有一番樂趣。放上生火腿和布里乳酪，適合搭配冰鎮好的白葡萄酒一起享用。

基礎麵團 ⑥
卡帕尼

**材料**（份量為 1 個直徑 23cm 的鑄鐵鍋）

**A** 發酵種（參照 P.80 ～ 83）……70g
水……115g
黑糖（粉末）……0.5g

高筋麵粉……35g ＋適量
　（手粉用、發酵盆用、裝飾用）
中筋麵粉……70g
石臼麵粉（屬於高筋麵）……20g
全麥麵粉（屬於高筋麵）……20g
裸麥麵粉……20g ＋適量（發酵盆用、裝飾用）
岩鹽……4g
沙拉油……適量（用於塗抹於食物保存容器）

腰果……25g
原味豆漿……適量
白色無花果（乾燥、無漂白）……50g

## 前置準備工作

· 在食物保存容器中加入幾滴沙拉油，用廚房紙巾塗一層薄薄的油佈滿容器內側。
· 在攪拌盆內放入高筋麵粉 35g、中筋麵粉 70g、石臼麵粉／全麥麵粉／裸麥麵粉各 20g，以打蛋器輕輕拌合。
· 備好發酵盆用、裝飾用的粉。將高筋麵粉和裸麥麵粉以 1 比 1 的比例放入容器中，再以打蛋器輕輕拌合。
· 準備一個較小的攪拌盆，重石放入盆中約八分滿。由於烤焙麵包前要注入 1 大匙熱水（份量外），所以可先在保溫瓶中裝入熱水，保持熱水備用。
· 烤箱預熱到 160 度，放入腰果烤 8 分鐘，用刀子切成粗粒。將切成粗粒的腰果放入較小的攪拌盆中，倒入豆漿（能淹過腰果的量），浸泡 15 分鐘左右。用濾網撈起瀝乾。
· 白色無花果大塊的切成 6 等份，小塊的切成 4 等份。以熱水浸泡約 1 分鐘後，用濾網撈起瀝乾，移入較小的鋼盆中，淋上 1 大匙熱水（份量外），直接放涼。之後用濾網撈起瀝乾。在揉麵前 30 分鐘結束這項作業（白色無花果在微溫狀態下加入麵團，是造成麵團表皮皺褶的原因）。

① 進行 P.58 的步驟①～②。

② 從麵包容器中輕柔地取出麵團，不用撒手粉，直接放在工作台上。將瀝乾水分的白色無花果和腰果全量鋪在麵團上，儘量避免將白色無花果擠爛，以刮刀縱切成兩半後疊放。將麵團轉向 90 度，再次縱切成兩半後疊放。重複 1～2 次直到白色無花果和腰果佈滿麵團。將麵團移入已抹油的食物保存容器。在 23～28 度的環境下放置 20～40 分鐘（無法準備指定的溫度環境時，請參照 P.10 的 CHIP'S MEMO）。

※ 黏在容器及攪拌葉片上的麵團，也要用橡皮刮刀輕輕刮除乾淨，全量用完。
※ 混合材料時，工作台上不用撒手粉。

③ 進行 P.58～P.59 ④～⑱ 的步驟。

放置（二次發酵）

④ 在 23～28 度的環境下放置 30 分鐘～1 小時，使麵團進行二次發酵。在二次發酵完成前 10 分鐘開始預爐（烤盤放進烤箱→在烤箱的左側角落或右側角落〔有散熱風扇那側〕擺放放有重石的鋼盆→用過熱水蒸氣模式預熱至 250 度）。預熱完成後繼續放置 10 分鐘，使溫度確實蓄積在烤箱內部。利用蓄積溫度的 10 分鐘，為鑄鐵鍋加熱以及在麵團表面刻劃割紋（鑄鐵鍋轉中火預熱→麵團表面用濾茶網篩上一層薄薄的發酵盆用粉→將裁切比發酵盆大一圈的烘焙紙和承板疊放在發酵盆上後翻面，承板留在工作台上，發酵盆連同棉布一起移除）。

割紋

⑤ 麵團表面用濾茶網篩上混合好的裝飾用粉。

⑥ 用刀子劃出十字割痕，刀口深度小於 1cm。

將鑄鐵鍋放入烤箱

⑦ 將手放在鍋子上方感覺是「燙手」的溫度（約 300 度），將承板連同麵團拿起，使烘焙紙連同麵團滑進鑄鐵鍋中。

烤焙

⑧ 烤箱用過熱水蒸氣模式預熱至 250 度，打開烤箱門，在放有重石的鋼盆中注入 1 大匙熱水（注意高溫）。快速地將裝著麵團的鑄鐵鍋移入庫內（注意高溫）烤 15 分鐘。之後，切換成普通烤焙模式（250 度），繼續烤 18 分鐘。麵包出爐後放網架上待涼，放涼後即完成。

※ 加熱過的鑄鐵鍋溫度非常高，移入烤箱庫內時雙手請戴上 2～3 層的勞動用手套，並用隔熱手套拿住握柄。

# 葡萄乾核桃卡帕尼

帶點酸味的卡帕尼麵團、甜甜的葡萄乾以及香味濃郁的核桃，是店內招牌的黃金組合。葡萄乾事先以熱水浸泡，核桃以豆漿浸泡，是製作麵包中一定要學會的技巧。你將驚訝地發現，葡萄乾變得超級多汁，核桃味道香濃。若是將用來泡軟葡萄乾的熱水換成白葡萄酒，會更美味。

基礎麵團 ⑥

卡帕尼

## 材料（份量為 1 個長度約 20cm 的海參型模具）

A ┃ 發酵種（參照 P.80 ～ 83）……70g
　┃ 水……115g
　┃ 黑糖（粉末）……0.5g

高筋麵粉……35g ＋適量
（手粉用、發酵盆用、裝飾用）
中筋麵粉……70g
石臼麵粉（屬於高筋麵）……20g
全麥麵粉（屬於高筋麵）……20g
裸麥麵粉……20g ＋適量
（帆布材質的布用、裝飾用）
岩鹽……4g
沙拉油……適量（用於塗抹於食物保存容器）

核桃……25g
原味豆漿……適量
葡萄乾（茶色）……25g
葡萄乾（綠色、無漂白）……25g

※ 葡萄乾也可以只用茶色一種，用量為 50g。

### 前置準備工作

· 在食物保存容器中加入幾滴沙拉油，用廚房紙巾塗一層薄薄的油佈滿容器內側。
· 在攪拌盆內放入高筋麵粉 35g、中筋麵粉 70g、石臼麵粉／全麥麵粉／裸麥麵粉各 20g，用打蛋器輕輕拌合。
· 備好帆布材質的布料用、裝飾用的粉。將高筋麵粉和裸麥麵粉以 1 比 1 的比例放入容器中，再以打蛋器輕輕拌合。
· 準備一個較小的攪拌盆，重石放入盆中約八分滿。由於烤焙麵包前要注入 1 大匙熱水（份量外），所以可先在保溫瓶中裝入熱水，保持熱水備用。
· 烤箱預熱到 160 度，放入核桃烤 13 分鐘，用刀子切成粗粒。將切成粗粒的核桃放入較小的攪拌盆中，倒入豆漿（能淹過核桃的量），浸泡 15 分鐘左右。用濾網撈起瀝乾。
· 2 種葡萄乾以熱水浸泡約 1 分鐘，用濾網撈起瀝乾，移入較小的鋼盆中，淋上 1 大匙熱水（份量外），直接放涼。之後用濾網撈起瀝乾。在揉麵前 30 分鐘，結束這項作業（葡萄乾在微溫狀態下加入麵團，是造成麵團表皮皺褶的原因）。

① 進行 P.58 的步驟①～②。

進行 P.58 的步驟①～②。

### 放置（活化酵母菌）

② 從麵包容器中輕柔地取出麵團，不用撒手粉，直接放在工作台上。將瀝乾水分的葡萄乾和核桃全量鋪在麵團上，儘量避免將葡萄乾擠爛，以刮刀縱切成兩半後疊放。將麵團轉向90度，再次縱切成兩半後疊放。重複1～2次直到葡萄乾和核桃佈滿麵團。將麵團移入已抹油的食物保存容器。蓋上蓋子，在 23～28 的環境下放置 20～40 分鐘（無法準備指定的溫度環境時，請參照 P.10 的 CHIP'S MEMO）。

※ 黏在容器及攪拌葉片上的麵團，也要用橡皮刮刀輕輕刮除乾淨，全量用完。

※ 混合材料時，工作台上不用撒手粉。

③ 進行 P.58 的步驟④～⑥。

## 放置（靜置休息）→ 整型

④ 在 23～28 度的環境下放置 20～50 分鐘。用濾茶網在工作台上篩上一層薄薄的高筋麵粉，將麵團連同烘焙紙一起翻面，接著噴霧水補充水分。用手掌輕輕按壓麵團周圍，壓成原來 2 倍大的半球狀，排出空氣。參考圖片進行整型，整整成兩頭尖中間鼓的海參形狀。將帆布鋪在烤盤上，以濾茶網篩上已混勻的麵粉（帆布材質的布用粉），擺上麵團。

※ 擀延成半球狀時，麵團表面可能出現大氣泡。這時不要勉強擠破，可以往麵團邊緣壓出，或是用手分解成小氣泡後排出。

## 放置（二次發酵）

⑤ 在 23～28 度的環境下放置 30 分鐘～1 小時，使麵團進行二次發酵。在二次發酵完成前 10 分鐘開始預爐（烤盤放進烤箱→在烤箱的左側角落或右側角落〔有散熱風扇那側〕擺放有重石的鍋盆→用過熱水蒸氣模式預熱至 250 度）。預熱完成後繼續放置 10 分鐘，使溫度確實蓄積在烤箱內部。利用蓄積溫度的 10 分鐘，為鑄鐵鍋加熱以及在麵團表面刻劃割紋（鑄鐵鍋轉中火預熱→工作台上放置承板，在鑄鐵鍋鋪上裁得比鑄鐵鍋大一圈的烘焙紙，移開帆布使麵團表面朝上放置）。

## 割紋

⑥ 麵團表面用濾茶網篩上混合好的裝飾用粉。

⑦ 用刀子朝內側劃一道弧形割紋，刀口深度小於 1cm。

## 將鑄鐵鍋放入烤箱

⑧ 將手放在鍋子上方感覺是「燙手」的溫度（約 300 度），將承板連同麵團拿起，使烘焙紙連同麵團滑進鑄鐵鍋中。

## 烤焙

⑨ 烤箱用過熱水蒸氣模式預熱至 250 度，打開烤箱門，在放有重石的鍋盆中注入 1 大匙熱水（注意高溫）。快速地將裝著麵團的鑄鐵鍋移入庫內（注意高溫）烤 15 分鐘。之後，切換成普通烤焙模式（250 度），繼續烤 18 分鐘。麵包出爐後放烤架上待涼，放涼後即完成。

※ 加熱過的鑄鐵鍋溫度非常高，移入烤箱庫內時雙手請戴上 2～3 層的勞動用手套，並用隔熱手套拿住握柄。

# 手作的加工品 &
# 偶一為之的甜點

本節將介紹我多年來一點一滴改良至今，

配著天然酵母麵包吃會加倍美味的食材、醬汁以及奶油食譜。

由於自己本身也很喜歡簡單樸素的烘焙糕點，

利用做麵包空隙偶一為之製作的餅乾及塔類，

也受到來店顧客的好評。

於是就把肚子有點餓時，

若桌上有的話會很開心的簡單甜點食譜介紹給大家。

# 自製番茄醬

將以前在西班牙認識的朋友教授的食譜加以改良，做成 CHIPPRUSON 的味道。由於在水煮番茄中加入新鮮番茄的緣故，使得口感清新爽口。當然也能用來取代「自製番茄醬披薩」（P23）中的番茄醬。

## 材料（容易製作的份量）

水煮番茄……400g
新鮮番茄……中型 2 個
大蒜……1 片（小一點的 2 片）
橄欖油……2 大匙
月桂葉（乾燥）……1 片
鹽……1 小匙

① 將水煮番茄撈起放入攪拌盆等容器中，用叉子等工具粗略壓碎。

② 新鮮番茄用清水洗淨後擦乾水分，去掉蒂頭，用刀子橫切成兩半。將番茄剖面朝下覆蓋在磨泥器上，一邊壓出果肉一邊磨成泥狀。蒂頭和外皮捨棄不用。

③ 大蒜剝皮後放在砧板上，用刀子的側面輕輕壓碎。

④ 鍋中加入橄欖油、大蒜，轉小火，慢慢加熱 3～4 分鐘，讓橄欖油充滿蒜香。

⑤ 在步驟④中加入新鮮番茄、水煮番茄、月桂葉，以中火燉煮 20～25 分鐘。用木杓攪拌至瞬間看見鍋底的稠度後加鹽，攪拌均勻，從爐火上移開。

⑥ 把大蒜和月桂葉從鍋中拿掉，放涼後就完成了。裝入果醬空瓶或食物保存容器中，放入冰箱冷藏，約可保存 10 天。

# 焙煎玄米

想像著將富含營養的玄米，以穀物的感覺加入麵包會怎麼樣，於是想出了這道食譜。玄米慢慢焙煎至金黃色後，炊煮出來的香氣及軟韌感，與「顆粒玄米貝果」（P.54）等以日本國產小麥粉做成的麵包非常合拍。

## 材料（容易製作的份量）

玄米……1 杯
太白胡麻油……1 小匙
鹽……少許

## 前置準備工作

· 事先將烤箱預熱至 160 度。

① 在烤盤中鋪上烘焙紙，將玄米鋪平攤開，儘量不要疊在一起。在事先預熱至 160 度的烤箱，烤焙 30～40 分鐘。20 分鐘到時，最好將烤箱門打開一下，使用木杓將整體拌勻，以利均勻上色。烤到整體變成金黃色就完成了。以這個狀態裝入密封容器中，放置於陰暗處約可保存 1 個月。

② 做為麵包的食材使用時，請在揉麵前先用電鍋煮好，放涼後使用。在電鍋中放入步驟①的全量、水 1 杯（份量外）、太白胡麻油、鹽，按下「快速煮飯」模式開始煮，接著鋪在淺盤中冷卻。可以這個狀態裝入食物保存袋中冷凍保存，或是直接加入麵團混勻。

## 加入豆腐的卡士達醬

散發出香草與萊姆酒的香氣，令人欲罷不能的卡士達醬！由於將蛋黃減量使用，改以豆腐帶出豐潤口感，熱量因而減少許多，即使吃多了也沒有罪惡感。可依喜好添加在「奶油麵包」（P.41）和「鬆餅」（P.76）中。

### 材料

牛奶……160g

香草莢……⅛條

蛋黃……45g（約 2 個中型大小多一點）

黍砂糖……40g ＋ 15g

低筋麵粉……20g

木綿豆腐……1 塊（300 ～ 400g）

※ 參考前置準備工作的方式除去水分，使用其中的 90g。

萊姆酒……8g

### 前置準備工作

· 將木綿豆腐除去水分備用。先以廚房紙巾包覆豆腐，再以乾淨的毛巾包住，放入淺盤中。在豆腐上面放上砧板，砧板上再放裝水的攪拌盆，放置 1 小時以上。水分去除後，秤好 90g 備用。

· 低筋麵粉過篩備用。

· 將香草莢橫剖，用刀刃將豆莢內的香草籽刮下來。剩下的豆莢也會用到，請勿丟棄。

· 準備一個大小足以容納煮鍋的攪拌盆，在攪拌盆內約裝一半的冰塊備用。

① 攪拌盆中放入蛋黃和黍砂糖 40g，用手提攪拌機攪打。打至成美乃滋稠狀後，加入過篩的低筋麵粉，繼續攪拌至完全均勻。

② 鍋中倒入牛奶，加入事先擠出來的香草籽和豆莢，轉小火。待鍋緣開始冒泡，將大約一杓的牛奶加入步驟①，使用打蛋器充分攪拌。完全攪拌均勻後，倒入剩餘的牛奶，再用打蛋器攪打均勻。

③ 將濾茶網架在空鍋上，過濾步驟②的液體至鍋中，去除低筋麵粉的結塊和香草籽莢。

④ 將鍋子放在爐上，轉至最小火，用打蛋器不停攪拌 1 ～ 2 分鐘，打至濃稠後手感會開始變重，這時仍要耐心地不停攪拌，打至黏性消失，質地光澤滑潤，以打蛋器拿起會緩慢滴落的程度。

※ 突然以大火加熱，是造成蛋黃凝固、結塊的主因，宜用最小火慢慢加熱。

⑤ 在事先備好的攪拌盆中加入冰塊，倒水進去。將步驟④的鍋底浸入水中急速冷卻，為了讓糊狀物達到溫度均一，期間要用打蛋器不停攪拌。完全冷卻後，用橡皮刮刀將糊狀物刮入食物保存容器中，再用保鮮膜緊密包好，以免表面接觸空氣，放入冰箱冷藏。

⑥ 在食物調理機中放入秤量好的去水豆腐 90g，黍砂糖 15g，打至質地滑順細膩。加入萊姆酒，繼續攪打均勻。從冰箱取出步驟⑤的糊狀物，加入全部的量，攪打至所有材料完全均勻。裝入有花嘴的擠花袋或食物保存容器中（若裝入食物保存容器，表面必須再用保鮮膜緊密覆蓋），放入冰箱冷藏一晚就完成了。

# 柑橘果乾／柑橘果醬

在此介紹就連不喜歡柑橘苦味的人都能吃得津津有味,秘藏的果乾食譜。這道食譜的特色在於熬煮果皮時把果肉加進去,就能做出超級多汁的成品。運用多餘的果皮和剩餘的果肉,製作成頂級的柑橘果醬。

## 材料（容易製作的份量）

日產柑橘（儘量選擇無農藥或農藥少的橘子）……5 顆

※ 只要是個頭較大、皮厚的品種皆可，如夏柑、甘夏、八朔等。
左頁圖中使用的是河內晚柑。

### 【用於製作果乾】

洗雙糖……事前處理過的果皮＋果肉重量的 60%

※ 若不排斥帶茶色的話，也可使用黍砂糖。

### 【用於製作柑橘果醬】

洗雙糖……事前處理過的果皮＋果肉的重量的 50%

※ 若不排斥帶茶色的話，也可使用黍砂糖。

## 前置準備工作

· 柑橘用清水洗淨瀝乾，用刀縱向切進果皮，繞一圈，削皮備用（注意不要切到果肉）。將橘瓣上的囊衣全部去除，取出果肉備用。籽要用來做柑橘果醬，全部取出後，留下來備用。
· 做完上述的前置準備工作，分出 3.5 顆份的果皮＋ 2 顆份的果肉來製作果乾。剩餘的材料留下來製作柑橘果醬。

①　製作果乾。將分出來製作果乾的果皮，用手撕淨內面的白筋和白色內層部分。

※ 假如偏好厚一點的果乾，訣竅在於白色部分不要去得太乾淨。

②　將果皮放入鍋中，倒入適量的水（水量蓋過果皮即可），轉大火。沸騰後轉小火，使鍋內保持在微滾的狀態，約煮 15 分鐘。

③　將鍋子移至流理台，用流動的水沖洗，直到鍋內的水全部換為新水為止。重複步驟②、③的作業 2 ～ 3 次後，果皮會變得透明，試味時感覺微苦的程度。若還帶有明顯苦味，可追加一次作業，但是在去除苦味的同時也會損失掉香味，注意不要煮過頭。

④　以篩網接住從鍋子篩下來的內容物，瀝乾水分。以不會破壞果皮的力道，用手輕輕擰乾水分後放在盤子上，加入分出來做果乾的果肉，秤出總重量。接著計量出佔總重量 60% 的洗雙糖。

⑤　空鍋中放入果皮、果肉、⅓的洗雙糖，轉中火。沸騰後轉小火，不時以木杓攪拌以免黏鍋，大約熬煮 20 分鐘。

⑥　加入剩餘 ½ 的洗雙糖，同樣不時以木杓攪拌以免黏鍋，大約熬煮 20 分鐘。

⑦　加入剩餘的洗雙糖，同樣不時以木杓攪拌以免黏鍋，熬煮 10 分鐘至全體濃稠為止。將鍋子從爐火上移開，蓋上蓋子，靜置一晚。

⑧　將烤箱預熱到 100 度。預熱期間在烤盤上鋪上烘焙紙，將步驟⑦的果皮以間隔 1cm 的距離排入烤盤。完成預熱後，在烤箱中加熱 40 分鐘～ 1 小時使其乾燥（經過 20 ～ 30 分鐘時，打開烤箱門用手一個一個翻面）。用手觸摸時，以含有水分但不黏手的程度為準。將烤盤從烤箱取出，直接放涼後就完成了。裝入食物保存容器或食物保存袋中，放在冰箱冷藏室約可保存 3 個月，放入冷凍庫約可保存 1 年。

⑨　製作柑橘果醬。分出來做柑橘果醬的果皮，儘量用刀子將內面的白筋和白色內層部分去除乾淨，切成長 1cm，寬 1mm 的細絲。

⑩　將事先取出的柑橘籽放入較小的攪拌盆中，倒入適量水（水量蓋過果皮即可）。

⑪　將水倒入鍋中煮沸，放入切成細絲的果皮，煮 2 ～ 3 分鐘。試味道感覺微苦的程度，便將鍋子從爐火上移開。若還帶有明顯苦味，可追加一次作業，但是在去除苦味的同時也會損失掉香味，注意不要煮過頭。

⑫　以篩網接住從鍋子篩下來的內容物，瀝乾水分。以不會破壞果皮的力道，用手輕輕擰乾水分後放在盤子上，加入分出來做柑橘果醬的果肉，秤出總重量。接著計量出佔總重量 50% 的洗雙糖。

⑬　空鍋中放入果皮、果肉、洗雙糖、連同籽與浸泡的水，在常溫下放置 2 小時（放冰箱冷藏一晚更好）。

※ 事先以這道功夫釋出果汁，能藉由縮短烹煮時間，保留更多的風味。尤其放置冰箱慢慢釋出果汁，再以大火快速煮成的柑橘果醬，能達到頂級滋味。

⑭　將步驟⑬的鍋子轉中火，煮至沸騰。撈除大泡沫後轉成弱中火，一邊用木杓不時攪拌，一邊頻繁地撈除泡沫，大約熬煮 20 分鐘。拿掉柑橘籽，轉成小火再煮 5 ～ 10 分鐘，煮到喜好的濃稠程度後就完成了。保存時，趁熱裝進事先消毒過的瓶子後輕輕蓋上瓶蓋，放入鍋中，將浸到瓶肩的水量加熱至沸騰，使瓶子在鍋中煮沸約 20 分鐘（由於會造成腐敗，注意別讓水跑進瓶中）。再將瓶蓋確實蓋緊，將瓶子倒扣至放涼。放在冰箱冷藏約可保存 3 個月。

※Marmalade 等的柑橘類果醬，一旦煮過頭冷掉時會變得很硬，最好在感覺有點稀的狀態就將鍋子從爐火上移開。另外，由於本食譜將砂糖的份量減少，因此請盡早吃完。

# 巧克力餅乾

加入滿滿的兩種巧克力和杏仁果顆粒，口感十足的烘烤厚餅乾。在爽
脆口感之間，不時嘗到岩鹽的獨特鹹味，也令人愛不釋口。搭配手沖
深焙咖啡或牛奶一起享用，是午後活力湧現的滋味。

**材料**（份量為 10 片直徑 5cm 的餅乾）

無鹽奶油……105g

黍砂糖……80g

雞蛋……25g（約 ⅓ 個中型大小）

低筋麵粉……160g

杏仁粉……20g

泡打粉（無鋁配方）……1g

岩鹽……1g

整顆生杏仁果……50g

烘焙用甜巧克力……40g

烘焙用苦巧克力……40g

**前置準備工作**

· 奶油切成 1cm 的方形骰子狀，放在常溫下 20 ～ 30 分鐘，
  回軟備用。
· 雞蛋打散成蛋液，秤好重量備用。
· 將低筋麵粉、杏仁粉、泡打粉、岩鹽一起過篩備用。
· 整顆生杏仁果、兩種巧克力分別用刀子切成粗粒。

① 攪拌盆中加入放軟的奶油，使用打蛋器攪打至乳霜狀。

② 加入黍砂糖，繼續用打蛋器攪打至美乃滋稠狀。

③ 將打散的雞蛋液分兩次加入，每次都用打蛋器攪拌均勻。

④ 一起過篩的低筋麵粉、杏仁粉、泡打粉、岩鹽分兩次加入，
每次都用橡皮刮刀以切拌方式快速混勻。在粉狀感消失前
加入切成粗粒的杏仁果、兩種巧克力，拌到材料均勻遍佈
麵糊。攪拌盆覆蓋上保鮮膜，放在冰箱冷藏 2 小時～一個
晚上，直到麵糊確實凝固為止。

⑤ 將麵團從冰箱取出，分成 10 等份，稍微整圓。將烤箱預
熱到 200 度。在烤盤上鋪上烘焙紙，將整圓的麵團排入烤
盤，用手心壓成直徑約 5cm 的圓形。

※ 整型時沒有很圓也無妨。有點不規則，出爐時才會呈現出不同
的樣貌。

⑥ 完成預爐後，重新將溫度設定為 190 度，放入烤盤烤 20
～ 25 分鐘，烤到色澤呈現金黃色為止。餅乾出爐後放在
網架上，放涼後就完成了。

①　製作塔皮麵團。將一起過篩的低筋麵粉／全麥麵粉／黍砂糖放入食物調理機中，攪拌 15 秒。加入冷奶油、橄欖油後，繼續攪拌 15 ～ 30 秒。攪打至質地變得稀爛，繞圈淋上加入冷水打散的雞蛋液和岩鹽，攪拌 15 ～ 20 秒。麵團拌成團後，用保鮮膜包起來，放進冰箱冷藏一小時。

②　工作台上用濾茶網篩上一層薄薄的低筋麵粉。從冰箱取出麵團，放在工作台上，用擀麵棍擀成喜好的厚度（3 ～ 5mm）。用擀麵棍把塔皮捲起來，裝入事先放入冰箱冷藏冰涼的塔模上，利用手指輕壓將塔皮貼緊塔模內側，注意不要弄破。超出塔模的塔皮用刮板切掉。

③　用叉子在塔皮表面刺出一些小孔洞，連同塔模一起放入冰箱冷藏 1 小時，讓塔皮休息（防止烤焙時塔皮出現縮水）。

④　將烤箱預熱到 180 度。完成預熱後，將烤盤送進烤箱烤 20 分鐘。麵包出爐後，連同塔模一起放網架上待涼。

⑤　製作豆渣糊。攪拌盆中放入軟化的奶油，用打蛋器攪打至乳霜狀。按照黍砂糖、蜂蜜、橄欖油、去除水分後剝成小塊的豆腐之順序放入，每次加入都用打蛋器確實拌勻至質地滑順細密。分 3 次加入打散的雞蛋液，每次加入都用打蛋器確實拌勻至質地滑順細密。

# 豆渣杏仁塔

這是一款使用滿滿豆渣粉做成的塔。外表樸實，但填入爽脆塔皮中的餡料，就像杏仁膏一樣滋味豐饒。淡淡的豆腐味，給人清淡的感覺。冷掉後，整體口感綿密，更美味！

### 材料（份量為 1 個直徑 18cm 的塔模）

**【塔皮麵團】**

低筋麵粉……90g ＋適量（塔模用、手粉用）

全麥麵粉（屬於低筋麵粉）……25g

黍砂糖……8g

無鹽奶油……65g ＋適量（塔模用）

橄欖油……25g

蛋黃……5g（約 ¼ 個中型大小）

岩鹽……2g

冷水……20g

**【豆渣杏仁糊】**

無鹽奶油……85g

橄欖油……10g

黍砂糖……45g

蜂蜜……10g

木綿豆腐……1 塊（300 ～ 400g）

※ 參考前置準備工作的方式除去水分，使用其中的 40g。

雞蛋……45g（約 1 個中型大小少一點）

豆渣粉……25g

杏仁粉……20g

整顆生杏仁果……15g

※ 也可以用杏仁粉取代。

### 前置準備工作

· 做塔皮麵團的事前準備工作

① 低筋麵粉、全麥麵粉一起過篩備用。

② 奶油切成 1cm 的方形骰子狀，放入冰箱冷藏備用。

③ 將蛋黃、岩鹽放入容器中，加入冷水打散，冷藏備用。

④ 在塔模內側抹上塔模用的奶油，撒｜同樣是塔模用的低筋麵粉，抖落多餘的粉，放入冰箱冰涼備用。

· 做豆渣杏仁糊的事前準備工作

① 奶油放在室溫下回軟備用。

② 先用廚房紙巾包覆豆腐，再以乾淨的毛巾包住，放入淺盤中。在豆腐上面放上砧板，砧板上再放裝水的攪拌盆，放置 1 小時以上。水分去除後，秤出 40g，用手剝成小塊備用。

③ 雞蛋打散成蛋液，置於室溫備用。

④ 將豆渣粉、杏仁粉、杏仁果放入食物調理機中，攪打成粉末狀（若將杏仁果換成杏仁粉，則不需要這項作業）。

⑥ 加入攪打成粉末狀的豆渣粉和杏仁粉和杏仁果，用橡皮刮刀攪拌直到粉狀感消失。

⑦ 將烤箱預熱到 180 度。預熱期間，用橡皮刮刀把豆渣杏仁糊刮入塔皮，使中央稍微隆起，呈圓頂狀。接著用叉子的背做成螺旋紋造型（參照完成圖）。完成預熱後，將塔模放在烤盤上送入烤箱烤 40 分鐘。出爐後，連同塔模一起放網架上待涼就完成了。

# 鬆餅

介紹大家用一顆雞蛋就能烤焙出熱呼呼鬆餅的食譜。為了在想吃時能快速煎出鬆餅，
我試著將食譜設計成兩片鬆餅的份量。只要前一天把粉類秤好混合，即便是早上，一
轉眼功夫就能完成的鬆餅早餐。在麵包用完的時候也很方便。

## 材料（份量2片）

低筋麵粉……100g

鬆餅粉（無鋁配方）……5g

黍砂糖……25g

岩鹽……0.4 g

雞蛋……1 個

牛奶……80g

※ 也可以使用原味豆漿。

無鹽奶油……25g

※ 也可以使用太白胡麻油。

沙拉油……適量

## 前置準備工作

· 較小的攪拌盆中加入打散的雞
蛋液、牛奶、隔水加熱融化的
奶油，用打蛋器攪拌均勻備用。

① 攪拌盆中放入低筋麵粉、鬆餅粉、黍砂糖、岩鹽，用打蛋器繞圈圈拌勻。加入混勻的雞蛋、牛奶和奶油，用橡皮刮刀以切拌的方式快速攪拌（儘量避免讓麵粉出筋。殘留一點粉粒無妨）。

② 平底鍋用小火慢慢加熱（最少5分鐘），倒入適量的沙拉油後，轉最小火。從步驟①的麵糊中舀出約一半的量，倒入平底鍋中形成圓形，大約煎8分鐘。加熱至小泡泡冒出後，用鏟子翻面，大約煎6分鐘就完成了。

三色雪球餅

# 三色雪球餅

材料備齊之後，接下來的工作就交給食物調理機！簡單的四個步驟就可以完成，稍微咀嚼很快就化開的正統滋味，是我個人頗為自豪的組合搭配。搓圓的大小隨意，推薦能一口塞進嘴裡的大小。

## 材料（份量為每種口味 16 個）

【原味】
無鹽奶油……65g
和三盆糖……20g ＋ 5g（裝飾糖用）
　　※ 也可以糖粉取代。
杏仁粉……35g
低筋麵粉……65g
岩鹽……0.4g
防潮糖粉……15g（裝飾糖用）

【抹茶味】
無鹽奶油……65g
糖粉……25g
杏仁粉……35g
抹茶……4g ＋ 2g（裝飾糖用）
低筋麵粉……60g
岩鹽……0.4g
防潮糖粉……15g（裝飾糖用）

【可可味】
無鹽奶油……65g
糖粉……25g
杏仁粉……35g
可可……8g ＋ 5g（裝飾糖用）
低筋麵粉……60g
岩鹽……0.4g
防潮糖粉……15g（裝飾糖用）

## 前置準備工作

· 奶油切成 1cm 的方形骰子狀，放入冰箱冷藏備用。

## ※ 三色的作法皆相同。

① 將奶油和裝飾糖用以外的所有材料放進食物調理機中，攪拌 10 ～ 15 秒。全體混合均勻後加入冷奶油，繼續攪拌 10 ～ 15 秒。將麵團取出放在保鮮膜上，包覆成一團避免接觸空氣，放進冰箱冷藏一小時。

② 將麵團從冰箱取出，分成 16 等份，稍微滾圓。將烤箱預熱到 200 度。在烤盤上鋪上烘焙紙，從上方稍微按壓滾圓的麵團後排入烤盤，幫助麵團固定不會亂跑。

③ 完成預熱後，重新設定烤焙溫度為 190 度，將烤盤送進烤箱烤 20 分鐘，烤到稍微上色。餅乾出爐後放網架上待涼。

④ 食物保存袋中裝入 2 種裝飾糖用的材料，密封住封口上下搖動，粗略混合一下。接下來也將餅乾裝入袋中搖晃，裹上糖粉就完成了。

天然酵母麵包不可欠缺的
# 發酵種基本概念

# 發酵種的製作方法

本書的麵包一概使用「發酵種」。發酵種的製作要經過三個階段。首先是以葡萄乾、蜂蜜、水培養出酵母後製成「葡萄乾液種」。接下來是以葡萄乾液種、全麥麵粉、水培養出酵母後製成「元種」。最後是以元種、高筋麵粉、水使麵粉發酵製成「發酵種」。發酵種從製作到完成，也就是可以用來製作麵包最少需要 12 天，培養完成的發酵種，所散發出來的果香與有如優格般的質感，說是製作天然酵母麵包的最大樂趣也不為過。本節整理出幾個訣竅，以降低失敗機率，請務必挑戰看看。

## STEP-1
### 葡萄乾液種的製作方法

**要準備的東西**

食品級酒精噴霧
較小的攪拌盆
較小的打蛋器（金屬製的攪拌棒也可以）
橡皮刮刀
料理夾
附蓋的玻璃瓶
　※ 果醬空瓶等的金屬蓋旋緊後即為高氣密性的容器，可能因酵母產生的碳酸氣體造成有噴發或爆裂的危險，請避免使用。

能容納整個附蓋玻璃瓶的大鍋
廚房紙巾

**材料（容易製作的份量）**

礦泉水……350g
　※ 使用水質硬度在 150ppm 以下（超硬水不容易發酵）。或是將自來水煮沸，靜置冷卻便可使用。酵母比較適合在弱酸性的環境下生長，因此要避免使用純水。

蜂蜜……10g
　※ 使用天然未經加熱的優質蜂蜜，品質的優劣會反映在麵包的香味和滋味上。

葡萄乾……100g
　※ 最好選用無漂白、有機栽培，表面不帶油脂的葡萄乾。本書使用的是麝香葡萄乾。

**前置準備工作**

· 作業前，用肥皂將雙手清洗乾淨，用食品級酒精噴霧在雙手、攪拌盆、打蛋器、橡皮刮刀、料理夾上消毒備用。

· 將附蓋的玻璃瓶拆開成瓶蓋和玻璃瓶，分別清洗乾淨，放入鍋中。注入淹過瓶子的水量，轉中火，煮開後繼續讓水沸騰消毒 20 分鐘。先鋪好 4 ～ 5 張廚房紙巾，用料理夾撈起，倒扣在廚房紙巾上約 5 分鐘，確實瀝乾水。用廚房紙巾將殘留在瓶子外側和內側的水滴擦乾，趁瓶子在熱的時候使用食品級酒精噴霧消毒，自然冷卻。

**①** 將礦泉水 1/3 和蜂蜜倒入攪拌盆中，以打蛋器攪拌至蜂蜜溶解。再將剩餘的礦泉水、葡萄乾、攪拌盆中的蜂蜜水倒入玻璃瓶中，以打蛋器充分拌勻。蓋上瓶蓋，置於 26 ～ 30 度的環境下。

**②** 一天要兩次，將玻璃瓶的蓋子打開，以打蛋器在瓶裡攪拌。

　※ 藉由攪拌作業提供酵母氧氣，培養發酵力強的液種。但另一方面，過度攪拌會變成沒味道的淡口麵包，所以一天兩次就好。

**③** 只要使環境經常保持在 26 ～ 30 度，每天重複步驟②的作業，第 5 ～ 7 天就會像香檳一樣冒出泡泡，散發出水果的香氣。P.81 是記錄在第 5 天看見冒泡的經過。過了第 7 天仍不見冒泡、聞到刺鼻的味道時，失敗的可能性很高，請務必丟棄，從頭開始重做。

| 第 1 天 | 第 2 天 | 第 3 天 | 第 4 天 | 第 5 天 |

圖左起，第 1 天：沒有任何變化。第 2 天：葡萄乾泡軟，液體顏色變深。第 3 天：葡萄乾脹大，粒粒之間的縫隙出現小氣泡。第 4 天：大半的葡萄乾浮起，顆粒周圍有無數的小氣泡。第 5 天：所有的葡萄乾表面出現很多發酵活潑的氣泡，聞到像香檳般的果香。

※ 第一次做葡萄乾液種時，發酵進度可能比圖示慢，無需焦急，以發泡狀態為基準來加以判斷。

第 6 天

④ 順利發泡後，放入冰箱冷藏 5 ～ 7 天，讓酵母休眠，使狀態穩定（這段期間不需要攪拌）。以這個狀態可保存 3 ～ 6 個月，由於發酵力會慢慢減退，務必在保存期間內進行下一階段的「元種」製作。

※ 此酵母由於是以麵包製作為目的，應絕對避免做其他用途（如飲用等）。

### 葡萄乾液種的續種方法

　　從最初製作的葡萄乾液種，分出 15g 做為「續種」備用。透過持續好幾年的續種，酵母會逐漸適應製作者所生活的土地或住家環境，麵包的味道也會慢慢改變。麵團發酵速度變慢、烤焙出來後麵包膨脹不起等失敗也會逐漸減少，所以即使無法使用最初的葡萄乾液種烤出穩定的麵包也請不要放棄，持續反覆地續種看看。

　　無論是液種製作還是續種時，成功的關鍵都在於「消毒」。用來保存酵母的溫度（26 ～ 30 度），以及每天進行攪拌作業使空氣進入玻璃瓶內的環境，不只適合酵母，也是提升其他雜菌活性的環境。利用人為方式儘量避免雜菌混入，培養充滿活力的酵母，是烤出美味又美觀麵包的捷徑。

[續種的方法]
從最初製作的葡萄乾液種分出 15g 備用。準備和 P.80 ～ P.81〔葡萄乾液種的製作方法〕相同的工具、材料，進行事前準備工作。在製作流程①將礦泉水、葡萄乾、蜂蜜水倒入玻璃瓶中時，將事先分出來的葡萄乾液種 15g 也加進去，之後進行同樣的製作流程。續養時，只要經過 2 ～ 3 天，就會出現製作流程③看到的氣泡。在這之後務必放入冰箱讓酵母休眠 5 ～ 7 天，待狀態穩定後再拿來做麵包。

# STEP-2

## 元種的製作方法

### 要準備的東西

| | |
|---|---|
| 攪拌盆 | 濾網 |
| 橡皮刮刀 | 磅秤 |
| 乾淨的紗布 | 量匙（大匙） |
| 保鮮膜 | 食品級酒精噴霧 |

### 材料（容易製作的份量）

全麥麵粉（屬於高筋麵粉）……30g

葡萄乾液種的濃縮液

　（參考前置準備工作的方式過濾取得的濃縮液）……20g

礦泉水……10g

　※ 使參照 P.80「葡萄乾液種的製作方法」
　材料欄中礦泉水的注意事項。

### 前置準備工作

· 作業前，使用肥皂將雙手清洗乾淨，用食品級酒精噴霧在雙
手、濾網、大的量匙、攪拌盆、打蛋器、橡皮刮刀上消毒備
用。

· 榨取葡萄乾液種的濃縮液備用。將攪拌盆和濾網放在磅秤
上，鋪上乾淨紗布。從玻璃瓶中連同果實取出一大匙的葡萄
乾液種，用手榨取出來。重複這個動作，取得濃縮液 20g。

① 將全麥麵粉、榨取出來的葡萄濃縮
液、礦泉水放入攪拌盆中，用橡皮刮
刀攪拌到粉狀感消失為止。粉狀感消
失後，覆蓋上保鮮膜，在 25 ～ 30 度
的環境下發酵 5 ～ 10 小時。

② 麵團膨脹至約 2 倍大後，直接移入冰
箱使其進入休眠狀態（最少 8 小時。
這個狀態最長可存放 20 小時）。

③ 圖為在冰箱休眠 8 小時後的狀態。進
行下一步「發酵種」的製作流程。

# STEP-3

## 發酵種的製作方法

### 要準備的東西

攪拌盆
橡皮刮刀
保鮮膜
食品級酒精噴霧

### 材料（容易製作的份量）

元種……全量（約60g）
高筋麵粉……60g
礦泉水……60g

※ 使參照 P.80「葡萄乾液種的製作方法」
材料欄中礦泉水的注意事項。

### 前置準備工作

· 作業前，使用肥皂將雙手清洗乾淨，
用食品級酒精噴霧在工作台、雙手、
攪拌盆、橡皮刮刀上消毒備用。

① 在攪拌盆中放入元種和礦泉水，用橡皮刮刀拌勻至溶解使元種軟化後，加入高筋麵粉，充分攪拌到粉狀感消失為止。

② 粉狀感消失後，覆蓋上保鮮膜，在 25 ～ 30 度的環境下發酵 3 ～ 7 小時。麵團膨脹至約 2 倍大後，直接移入冰箱使其進入休眠狀態（最少 8 小時。這個狀態最長可存放 36 小時）。最後得到的總量約 180g，並散發出彷彿新鮮酵母的香味就完成了。

## 發酵種的續種方法

　　和葡萄乾液種一樣，發酵種也可以續種用於製作麵包。最初的發酵種完成後，請分出 60g 做為「續種」之用。然而，相較於葡萄乾液種經過反覆培養演化出適應環境、容易製作麵包之特性，發酵種以續養三次最為恰當。這是我在嘗試各種模式後體會到的做法，可以讓酵母發酵穩定，用在各種麵團上都能做出散發芬芳果香的麵包。

　　續種三次的發酵種請在冰箱休眠的 36 小時內使用完畢，若沒用完就要丟棄。液種和發酵種是微生物

的集合體，家中如有廚餘處理機，跟有機廢棄物一起放入，就能幫忙快速分解。

　　以總量 180g 為目標進行續種時，材料的基本比例為「發酵種 1：高筋麵粉 1：礦泉水 1」，當續種用的發酵種未滿 60g 時，比例改為「發酵種 1：高筋麵粉 2：礦泉水 2」也能順利發酵，取得總量 180g 的發酵種。在這種狀況下，因為酵母食用的餌食必須是本身重量的一倍，所以請稍微延長流程②中的發酵時間。

### [續種的方法]

從完成的發酵種分出 60g 備用。準備與上述〔發酵種的製作方法〕相同的工具、材料，進行事前準備工作。將製作流程①的元種換成事先分出來的發酵種 60g，之後進行同樣的製作流程。

# 麵團「摺疊」與「整型」之解說

對於頻繁出現在各食譜中的「摺疊」與「整型」之製程，在此做詳細解說。「摺疊」是一項除了能促進酵母增殖，形成麩質增加麵團的彈性及份量外，還能避免因長時間發酵而破壞生成之香氣成份和鮮味氣體，對麵團不造成負擔、輕柔整成團的作業。「整型」如字面所示，是估計出爐時模樣調整形狀的作業。像「豆漿麵包捲」是一款麵團分割後才入烤箱烤焙的麵包，而「卡帕尼」則是將整個麵團送進烤箱烤焙的一款麵包，由於流程上有一些差異，詳細內容請參照以下各頁說明。

### 摺疊 —— 就麵團分割後再烤焙的麵包狀況　　※圖為「菠蘿麵包」的麵團

① 將分割好的麵團翻面，一邊注意不要過度接觸側面，一邊整成長方形後，將上端 1/3 的麵團向下摺。將麵團前後轉動 180 度，再將上端 1/3 的麵團向下摺。

② 以手指壓緊一開始及第二次的接合處。

③ 收口處朝上，將麵團 90 度轉向。將上端 1/3 的麵團向下摺，保持原樣再將上端 1/3 的麵團向下摺。

④ 以手指壓緊麵團接合處。

### 就「貝果」的狀況

因為「貝果」的麵團較硬，所以收口容易打開，在製程的步驟④之後，可將收口朝上，再次以手指確實壓緊，收口朝下擺好時，雙手放在麵團兩側，往順時針方向轉動 2 ～ 3 次，將麵團整成圓形。

# 摺疊 ——就整個麵團烤焙的麵包狀況 ※圖為「蛋黃麵包」的麵團

① 一邊注意不要過度觸摸麵團的側面，一邊將整成長方形後，將上端 1/3 的麵團向下摺。

② 用刮板輔助，將麵團轉向 180 度。

③ 再從上端 1/3 的麵團向下摺，以手指壓緊一開始及第二次的接合處。

④ 收口朝上，用刮板輔助，將麵團轉向 90 度。

⑤ 從上端 1/3 的麵團向下摺。

⑥ 保持原樣再將上端 1/3 的麵團向下摺，以手指壓緊麵團接合處。

※「山形土司」或「蛋黃麵包」的麵團比較不容易壓緊收口，這時可以像圖 a 一樣，以手指將邊端的部分全部壓緊。

⑦ 收口朝下擺好，兩側形成的邊角也以手指捏緊封好。

## 「山形白土司」「鄉村麵包」做第一次摺疊時

因為希望在「山形白土司」「鄉村麵包」的麵團上做出高度，所以只在第一次摺疊時的製程步驟⑦之後，將收口朝上，用刮板輔助將麵團轉向 90 度，從上端 1/3 的麵團向下摺，保持原樣再從上端 1/3 的麵團向下摺，以手指壓緊接合處。收口處朝下擺好，用刮板放在麵團兩側，往順時針方向轉動 2 ～ 3 次，將麵團整成圓形。

① 將麵團翻面,用手指將麵團一端往中間捏合。

② 以雙手大拇指將麵團中間壓緊固定。

③ 由麵團上端向下對摺,以手指壓緊麵團接合處。

④ 收口朝上,再次用手指用力捏緊。

⑤ 收口處朝下擺好,雙手放在麵團兩側,往順時針方向轉動 2～3 次,將麵團整成圓形。

① 將麵團翻面，用手指將麵團一端往中間捏合。

② 用手指將麵團一端往中間捏合。

③ 由麵團上端向下對摺。

④ 以手指壓緊麵團接合處。

⑤ 收口朝上，將麵團轉向 90 度。

⑥ 從上端 1/3 的麵團向下摺。

⑦ 保持原樣再將上端 1/3 的麵團向下摺，以手指壓緊麵團接合處。

⑧ 收口處朝下擺好，雙手放在麵團兩側，往順時針方向轉動 2～3 次，將麵團整成圓形。

⑨ 麵團在烤焙時，收口處容易因體積增大而脹開，因此將收口處朝上，以手指再次捏緊。

# 天然酵母麵包的 Q&A

## Q. 烤好的天然酵母麵包應該如何妥善保存？

**A.** 本書所介紹的天然酵母麵包可以冷凍保存。像「豆漿麵包捲」這一類的小麵包分別以保鮮膜包好；「鄉村麵包」這一類的大麵包以麵包刀切片後，再以保鮮膜將每一片分別密封。接著放進食物保存袋中，將空氣儘可能排出後密封，並且在三周內食用完畢。吃的時候，從冰箱取出，用噴霧補充水分，無需解凍直接放進烤麵包機裡烘烤，即可回味剛出爐的滋味。另外，也可以將烤箱預熱至 200 度，烤焙 4 ～ 5 分鐘。

## Q. 手指測試時，麵團居然陷下去。

**A.** 以手指測試時，假如發現麵團像洩了氣的皮球癱軟無力，可能是過度發酵的狀態。發酵溫度環境在 30 度以上，雖然會快速發酵，但是酵母過度活躍的結果會導致麵團產生皺皮不易處理，或是產生酸味，反而失去風味。尤其是卡帕尼系列的麵包，要特別留意溫度高就容易出現狀況。萬一麵團過度發酵，就以擀麵棍將麵團輕輕擀延成披薩吧。番茄醬或起司的風味可以蓋過酸味，享受到美味的麵包。

## Q. 總覺得麵團很容易產生皺皮。是我多心了嗎？

**A.** 天然酵母麵團本來就容易因劇烈的溫度變化而產生皺皮，此外，本書為了呈現柔韌耐嚼的口感，編寫的食譜配方含水量較高。一開始麵團的軟度或許會讓人感到驚訝，但完成的麵包口感會很宜人，還請大家多多加油。假如真的覺得很難製作，請試著將溶解發酵種時的水（布里歐修麵團麵包的食譜為牛奶）減少 5 ～ 10g。之後再慢慢加量，逐漸熟練即可。

**Q.** 在葡萄乾液種的發酵過程中，
聞到令人在意的味道。

**A.** 在葡萄乾液種的發酵過程中，如聞到刺鼻味道，請務必丟棄從頭開始重做。如果有發霉的情形，不要撈除發霉物後繼續使用，請全部丟棄。假如元種也有令人不快的味道，重做一遍是比較聰明的做法（成功時會聞到像酵母般的味道）。

**Q.** 夏天及冬天的
溫度管理令人不安。

**A.** 出現在本書食譜中的 5 種指定溫度整理如下：
【麵包製作】
① 20 ～ 25 度（鄉村麵包系列）
② 23 ～ 28 度（鄉村麵包系列）
③ 25 ～ 30 度（鄉村麵包系列以外）
【發酵種製作】
④ 26 ～ 30 度（葡萄乾液種）
⑤ 25 ～ 30 度（元種及發酵種）
麵包製作時，請試著找出家中的適溫場所、活用熱水袋和保冷劑（參照 P.10）等方法。適逢製作的季節，可能在室溫中即可進行發酵作業（在此種狀況下，避免放置日光直射的地方或空調風吹到的地方）。假如家中有發酵箱或冷溫庫，請加以利用。另一方面，發酵種製作時，善用維持穩定溫度環境的優格機或烤箱的發酵功能就會很安心。事先找好適合尺寸的玻璃瓶，製作時會非常方便。

**Q.** 放置冰箱冷藏時，
可以放在蔬果保鮮室嗎？

**A.** 利用冰箱進行一次發酵的「放置」時，請避開蔬果保鮮室和真空室，將裝有麵團的食物保存容器置於冷藏室（約 5 度）。到時候請避開冷氣吹出口附近。另外，麵團容易吸附味道，不要和味道重的食品放在一起。由於每家冰箱的環境都不一樣，例如使用小冰箱一個人住的人、冰箱門開關次數多的家庭、冰箱裡裝很多東西的家庭等等，請了解自家冰箱的使用習慣，再來對發酵時間進行微調。

## 麵粉

本書食譜設計成無論是國外小麥粉或日本國產小麥粉，都能製造出美味的麵包。我個人偏好吸水性佳，柔韌口感的日本國產小麥粉。高筋麵粉的話推薦選用「北香」、「春戀」、「香麥（Bread Flour）」。由於近來可透過網路買到各種麵粉，請務必多方嘗試，體驗麵粉所帶來的樂趣。

## 葡萄乾

用於培養酵母或做為麵包材料使用的葡萄乾，請選用無油、無漂白、有機栽培的葡萄乾。培養酵母我推薦位在滋賀縣大津市的烘焙材料店「mamapan」，所販賣的「有機 JAS 的麝香葡萄乾」（也可以在網路商店購買。https://www.mamapan.jp）。CHIPPRUSON 長年以來也是以此葡萄乾培養酵母。

## 蜂蜜

蜂蜜儘量選擇天然未經加熱的優質蜂蜜。尤其是用於製作葡萄乾液種的蜂蜜，其品質的好壞會直接影響到之後的麵包香氣及味道。

## 砂糖

本書所使用的砂糖以「黍砂糖」為主。就在菠蘿麵包表面裹上砂糖狀況，想呈現出粗粒感時，則是「甜菜糖」較為適合。我個人推薦對身體負擔較少的粗糖，但不介意的話，當然用白砂糖也無妨。

## 油

用於塗抹食物保存容器的油，只要是沒有明顯味道的植物油就可以，如沙拉油。風味佳的橄欖油用於製作「佛卡夏」、「鹽麵包」等麵包，加入少量即能帶來濃郁香氣及鮮味的太白胡麻油則用於「豆漿麵包捲」等麵包之製作。

## 奶油、雞蛋

麵包製作時所使用的奶油為無鹽奶油。CHIPPRUSON 使用的是「北海道四葉奶油」。挑選雞蛋時，請儘量挑選新鮮的。

## 鹽

麵包麵團適合使用容易溶解的海鹽，表面裝飾則適合帶點甜味的粗粒岩鹽。CHIPPRUSON 在店內材料豐富重口味的麵包中加入了沖繩的海鹽（シママース），在硬質麵包使用的是細顆粒容易溶解的喜馬拉雅玫瑰食用岩鹽。

## 果乾、堅果

無花果等果乾在挑選時，儘量選用無漂白、無添加的。核桃或杏仁等的堅果類，建議買整顆生的，使用前用食物調理機等用具研磨，美味倍增。

# 緣由

在此，我想介紹一下關於「CHIPPRUSON」這家店的由來。
它是走過許多曲折路的我，最能放鬆的地方。
就像呼吸當地空氣成長的酵母一樣，
這家店也一邊呼吸各種偶然和奇蹟，一邊慢慢成長。

從小我就喜歡做東西，身邊總是圍繞著繪本和動物。
小學三年級時，我想成為畫家。
然而，卻難以融入學校這樣的封閉環境，偶然機緣下，
得知西班牙有個為青少年自主獨立而設立的「西班牙兒童共和國」馬戲團，
便在 13 歲移居西班牙。

1 年後，我回到日本，進入通信制高中，
因為無法捨棄「想當畫家」的想法，
便在 17 歲的春天，有如離家出走般的離開京都，遠渡西班牙的加泰隆尼亞區。

進入巴塞隆納美術學校，在壁畫班專修馬賽克鑲嵌畫。
學習加泰隆尼亞的傳統技法。
之後還學習了人體彩繪、化妝、彫金等藝術，
最後還是無法融入學校這樣的場所而退學，最後終於把身體搞壞。

我與天然酵母麵包的相遇，是在療養期間的 26 歲左右。
契機始於某位朋友將天然酵母的食譜書影印給我。
回過神時，發現自己以各種蔬菜水果培養酵母，
使用國內外的小麥粉及有機材料烤焙麵包，
就像兒童時期熱衷畫畫一樣，不斷地進行實驗。
當時明明患有厭食症，卻不知不覺吃下自己烤的麵包。

2009 年左右，我想把實驗結果記錄下來而開始經營部落格，並且開始拍下麵包的照片。

同時也開始接受咖啡店委託麵包製作以及麵包教室的講師工作。

開始使用 Instagram 後，也收到許多麵包製作同好的回響。


「想更集中在麵包製作、想用麵包做有趣的事」

正當我有這樣的想法時，就遇見了現在這間位於京都西陣的 CHIPPRUSON 店面。

裝飾町家（※京都常見的傳統住宅）外牆的彩色磁磚，

就像在巴塞隆納學習的馬賽克鑲嵌畫，讓我立刻想在這裡開家麵包店。

內部裝潢我請加泰隆尼亞留學時代的美術家朋友，以廢棄材料 DIY 打造而成。


我現在過著平日在店裡默默地準備酵母和發酵種，

週末烤很多季節麵包迎接客人上門的日子。

至今為止的人生體驗，就像一塊塊的馬賽克鑲嵌畫一樣，

繽紛多彩地鑲進我的天然發酵麵包食譜中。

感謝現在自己的人生，像在畫畫一樣，能夠烤出美味的麵包。

## PROFILE

### 齊藤知惠

1980年生於京都府宇治市。在26歲左右生病療養期間，遇見天然酵母製作麵包的世界，便一頭栽了進去，以文章及照片記錄那情形的部落格和IG，在喜愛麵包的同好間造成話題。透過麵包批發及麵包教室等累積經驗，於2013年在京都市北區西陣開設天然酵母麵包店「CHIPPRUSON」。除了週末營業外，還提供每月更換品項的麵包糕點組合的網路訂購服務（http://chippruson.theshop.jp）

**CHIPPRUSON**（チップルソン）

http://chippruson.com
京都府京都市北區紫野南舟岡町 82-1-1
☎ 075-366-8067
營業時間星期六〜日
上午 11:00 至下午 6:00（售完提早結束）

※ 會不定期休假或彈性放假，
　 請至 twitter（@ chippruson）確認。

## TITLE

# 京都「CHIPPRUSON」
# 天然酵母麵包 憑什麼這麼好吃？

| STAFF | | ORIGINAL JAPANESE EDITION STAFF | |
|---|---|---|---|
| 出版 | 瑞昇文化事業股份有限公司 | 製作・写真・ | 斉藤ちえ |
| 作者 | 齊藤知惠 | スタイリング | |
| 譯者 | 劉蕙瑜 | デザイン | 藤田康平（Barber） |
| | | 取材 | 姜尚美 |
| 總編輯 | 郭湘齡 | プロセス撮影 | 內藤貞保 |
| 文字編輯 | 徐承義　蔣詩綺　李冠緯 | 校正 | 株式会社円水社 |
| 美術編輯 | 孫慧琪 | 編集 | 平山亜紀（世界文化社） |
| 排版 | 沈蔚庭 | | |
| 製版 | 印研科技有限公司 | | |
| 印刷 | 龍岡數位文化股份有限公司 | | |

法律顧問　　立勤國際法律事務所　黃沛聲律師

| | |
|---|---|
| 戶名 | 瑞昇文化事業股份有限公司 |
| 劃撥帳號 | 19598343 |
| 地址 | 新北市中和區景平路464巷2弄1-4號 |
| 電話 | (02)2945-3191 |
| 傳真 | (02)2945-3190 |
| 網址 | www.rising-books.com.tw |
| Mail | deepblue@rising-books.com.tw |

| | |
|---|---|
| 本版日期 | 2021年1月 |
| 定價 | 350元 |

國家圖書館出版品預行編目資料

京都「CHIPPRUSON」天然酵母麵包憑什麼這麼好吃? / 齊藤知惠著；劉蕙瑜譯. -- 初版. -- 新北市：瑞昇文化,
2019.01
96 面；18.8 x 22 公分
ISBN 978-986-401-297-8(平裝)
1.點心食譜 2.麵包

427.16　　　　　　　　107021708